매미박사 이영준의 Cicadas of Korea
우리 매미 탐구

매미박사 이영준의 우리 매미 탐구

Cicadas of Korea

이영준 지음

GEOBOOK 지오북

머리말

『우리 매미 탐구』를 펴내며

'매미'라는 이름은 "맴 맴……." 우는 동물이라 하여 붙여진 이름이다. 쓰름매미의 옛 이름인 '쓰르라미'도 "쓰르람 쓰르람……." 운다고 하여 붙여졌다. 이렇게 매미는 종마다 다른 울음소리를 가지고 있다. 매미들의 합창이 때로는 소음공해가 되기도 하지만, 만약 여름에 매미가 없다면 얼마나 삭막한 여름이 될까?

"맴 맴 맴……." 우는 참매미와 "쓰름 쓰름 쓰름……." 시원하게 우는 쓰름매미, 마치 소나타처럼 '서주, 제1주제, 간주, 제2주제, 종결부'로 이루어진 현란한 곡을 연주하는 애매미는 가히 우리나라 곤충 명창(?) 중 최고수라 할 만하다.

매미는 호주, 동남아, 아프리카, 남미 등 더운 지방에 종수가 많고 우리나라에는 단 15종의 매미가 서식하고 있지만, 개체수는 지구상 그 어디보다 적지 않다. 우리나라의 매미에 대한 연구는 영국인 워커(Walker, 1850)가 4종의 한국산 매미를 처음으로 기록한 1850년으로 거슬러 올라간다. 그 후 1920~1930년대에 카토, 키시다, 모리 등 일본 학자들이 한국의 매미에 대한 많은 기록을 남겼다. 조복성(1946, 1971)과 이창언(Lee, 1979a)은 일본인들의 기록을 정리, 취합하여 목록을 만든 바 있으며, 나는(Lee, 1995, 1999b) 한국산 매미를 15종으로 재정리하였다. 그 밖에 나는(Lee, 1998; Lee *et al.*, 2002) 「세모배매미의 서식지 및 습성」, 「극동 구북구의 풀매미속 종들에 대한 유전자 서열에 기초한 계통분류」 등 논문을 여럿 발표하였다.

2003년에 우리나라를 휩쓸고 간 태풍에 하필이면 '매미'라는 이름이 붙여졌을까? '매미'가 두고두고 악명을 떨칠 것을 생각하니 가슴이 아프다. 우리 민족은 예로부터 한 여름을 상징하는 곤충으로 매미를 친숙하게 여겼는데 진경산수화의 대가 겸재 정선이 그린 소나무 가지에 앉은 참매미와 신사임당이 그린 초충도의 매미 그림을 보더라도 알 수 있다. 매미가 여름 곤충으로 여겨지는 이유는 참매미, 쓰름매미, 애매미, 유지매미, 말매미 등이 초여름부터 울기 시작하여 여름 내내 울다 가기 때문이다. 그러나 세모배매미, 풀매미 등은 봄인 5월 하순에 처음 그 모습을 드러내기도 하고, 늦털매미와 같이 여름 막바지에 나타나 가을을 살다 가는 종도 있다. 이는 사람들에게 그리 잘 알려지지 않은 사실이다.

또한 매미는 나무에 붙어서 일생을 보내는 곤충이라고 알려져 있지만, 주로 풀에 붙어 사는 매미도 있다. 몸길이가 17mm 내외에 불과하고 몸 대부분이 녹색인 풀매미는 풀에 앉아서 우는 것을 흔히 볼 수 있다. 울음소리도 풀밭에서 우는 메뚜기나 베짱이류의 소리와 닮아, 보통은 그것이 매미 울음소리라는 사실을 알아차리지 못한다.

풀매미는 이제 서식지가 많이 줄어들어서 발견하기가 쉽지 않다. 우리가 열심히 보호해야 할 종이다. 또한 초지의 낮은 관목에 주로 붙는 세모배매미는 남한의 경우 강원도 일부 고지대에서만 발견되고 있고, 서식지인 삼림 내 초지도 점점 줄어들고 있으므로 적극적인 보호 대책 마련이 시급하다.

하고 많은 곤충 중에서도 유독 매미를 좋아하게 된 것은 아마도 매미가 아름답게 우는 곤충이기 때문이리라. 물론 베짱이나 여치, 귀뚜라미 등도 우는 곤충이지만, 매미의 울음소리만큼 음악적이지 않다. 음악을 좋아하는 내 귀를 즐겁게 해준 것은 무엇보다 매미의 울음소리였다. 또한 종마다 울음소리가 색다르다는 사실은 나를 한없이 매료시켰다.

10년 전 나는 『한국의 매미』라는 책을 출간한 적이 있는데 그동안 매미는 변하지 않았지만 사람의 짧은 지식이나 인식은 변하였기에 바뀐 학명이나 새로운 정보 등을 반영할 책이 하나 더 필요하다고 느끼던 차에 『우리 매미 탐구』라는 새로운 제목으로 책을 펴내게 되었다.

『우리 매미 탐구』는 우리나라에 분포하는 매미 15종 하나하나에 대한 형태

및 생태를 소개하고, 외국인을 위하여 영문으로도 간략하게 덧보태었다. 그 밖에 매미의 분류, 생태, 울음소리, 매미의 소음, 표본 제작법, 매미에 관해 궁금한 것 등에 대한 일반적인 사항도 싣고 있다.

또한 대만의 '귀신저녁매미류'를 관찰하고 채집한 기행문은 독자의 머리를 식혀 줄 것이며, 전문가도 참조할 수 있도록 검색표, 채집지 목록, 이명 목록, 참고문헌 등도 말미에 모아 놓았다.

이 책의 일부에 사용된 귀중한 사진을 제공해 주신 이수영 선생님, 김태우님과 오해용님, 강의영님, 이승일님, 손상봉님, 표본 사진을 촬영해주신 이경우님, 멋진 그림을 그려주신 공혜진님, 그리고 좋은 책이 나올 수 있도록 최선을 다해주신 디자이너 서동희님과 지오북 황영심 사장님께 이 자리를 빌려 심심한 감사를 드린다. 끝으로 격려와 인내로 크나큰 힘이 되어준 아내 김경희에게 감사의 말을 전한다.

2005년 7월 이영준

차례

머리말 _04

일러두기 _11

매미에 대하여 _12

우리나라 매미의 분류 _14

매미의 생김새 _18

매미의 생태 _22

매미의 울음소리 _30

세계에서 가장 큰 매미와 가장 작은 매미 _36

화려한 외국 매미 _37

Q & A

매미박사에게 물어봐요 1 _59   매미박사에게 물어봐요 2 _68

매미박사에게 물어봐요 3 _84   매미박사에게 물어봐요 4 _94

대만의 '귀신저녁매미'를 찾아서 _120

우리나라의 매미 _40

한눈에 보는 우리나라의 매미 _42

위장술의 천재 전천후 솔리스트 **털매미** _44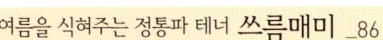

가을의 독창자 **늦털매미** _50

점잖은 산 멋쟁이 **참깽깽매미** _54

나 한번 찾아봐 **깽깽매미** _60

정열의 거인 군단 **말매미** _62

기름에 절었나 **유지매미** _70

우리 매미의 대표 **참매미** _74

세기의 콜로라투라 소프라노 **애매미** _80

여름을 식혀주는 정통파 테너 **쓰름매미** _86

여름의 전령 **소요산매미** _90

들릴락 말락 **세모배매미** _96

북방의 은둔자 **두눈박이좀매미** _106

매미인가 베짱이인가 **호좀매미** _108

꼭꼭 숨어라 날개 끝이 보일라 **풀매미** _112

꼬마 날쌘돌이 **고려풀매미** _116

차례

Tips Tips

매미는 해충인가? _38

매미를 어떻게 방제해야 하나? _38

말매미가 밤중에도 우는 이유는? _66

소음의 주범인 말매미가 번성하게 된 이유는? _67

한국 드라마에 나오는 일본 매미 울음소리 _79

세모배매미의 서식지를 발견하다 _103

부록 _144

매미 채집 및 표본 제작법 _146

한국산 매미의 검색표 _156

채집지 목록 _160

한국산 매미의 이명 목록 _168

참고문헌 _179

찾아보기/ 학명 _188

찾아보기/ 한국명 _190

일러두기

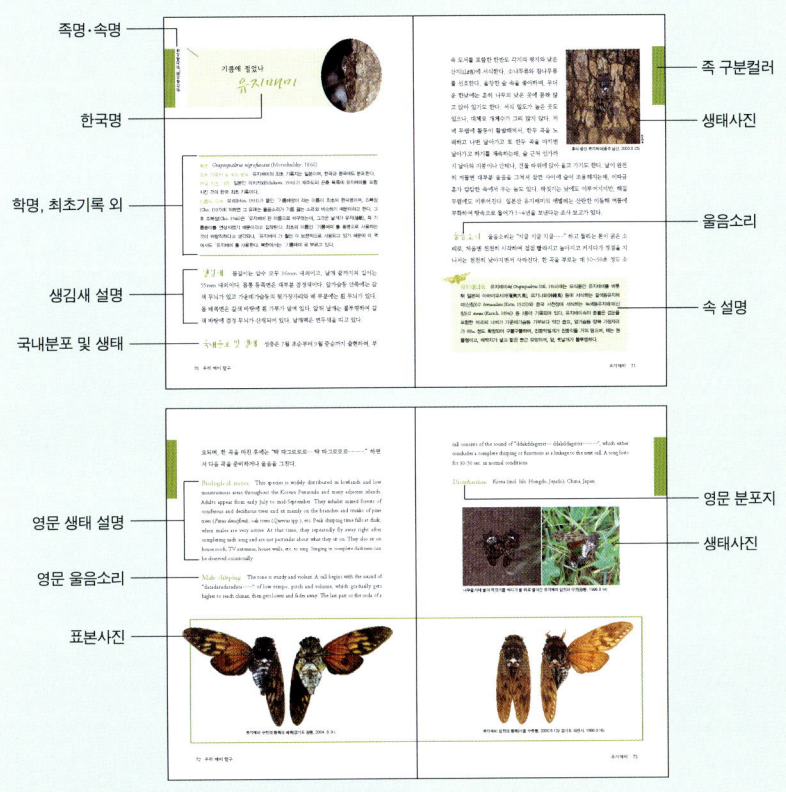

1. 이 책의 '우리나라의 매미' 편에는 한국산 매미 15종을 다루었으며 편집은 다음과 같은 체재로 구성하였다.

2. '우리나라의 매미' 편에 나오는 표본사진들은 실제 크기이다.
   단, 풀매미와 고려풀매미는 원래 크기가 아주 작은 종들이므로 확대된 사진을 실으면서 실제 크기를 음영으로 표시하였다.

3. 본문 중에 나오는 ( )속의 저자이름과 연도(예: kato, 1927a)는 '참고문헌'에 나열한 저자이름과 연도가 일치하는 문헌을 인용하였음을 나타낸다.

매미에 대하여

우리나라 매미의 분류
매미의 생김새
매미의 생태
매미의 울음소리
세계에서 가장 큰 매미와 가장 작은 매미
화려한 외국 매미

탈피 완료한 참매미 © 이수영

매미에 대하여

우리나라 매미의 분류

'매미'란 절지동물문(門)(Arthropoda), 곤충강(綱)(Insecta), 유시아강(有翅亞綱; Pterygota), 노린재목(目)(또는 반시목; Hemiptera), 매미아목(亞目)(Auchenorrhyncha), 매미상과(上科)(Cicadoidea)에 속하는 곤충을 통칭하는 말이다. 매미상과는 매미과(科)(Cicadidae)와 오스트레일리아에 분포하는 민배딱지매미과(신칭)(Tettigarctidae) 2개 과로 나뉘며, 한국에는 매미과만 분포한다.

민배딱지매미과의 한 종인
민배딱지매미(신칭)
(*Tettigarcta crinita*
Distant, 1883)

한국산 매미과는 주로 진동막덮개의 유무를 기준으로 하여 2개 아과로 나누는데, 진동막덮개가 있는 매미아과(Cicadinae)와 진동막덮개가 없는 좀매미아과(Tibicininae)가 있다.

매미아과는 다시 여러 개의 족(族)으로 나뉘는데, 한국에는 털매미족(신칭)(Platypleurini), 깽깽매미족(신칭)(Tibicenini), 유지매미족(신칭)(Polyneurini), 참매미족(신칭)(Oncotympanini), 애매미족(신칭)(Dundubiini) 등이 있다. 좀매미아과 또한 여러 개의 족으로 나뉘지만, 한국산은 모두 세모배매미족(신칭)(Cicadettini)에 속한다.

털매미족은 털매미속(屬)(*Platypleura* Amyot and Audinet-Serville, 1843)과 늦털매미속(*Suisha* Kato, 1928)을 포함하며, 깽깽매미족은 깽깽매미속(*Tibicen* Latreille, 1825)과 말매미속(*Cryptotympana* Stål, 1861)을 포함한다. 또한 유지매미족은 유지매미속(*Graptopsaltria* Stål, 1866)을, 참매미족은 참

매미속(*Oncotympana* Stål, 1870)을, 애매미족은 애매미속(*Meimuna* Distant, 1905)과 소요산매미속(*Leptosemia* Matsumura, 1917)을, 그리고 세모배매미족은 세모배매미속(개칭)*(*Cicadetta* Kolenati, 1857)을 포함한다.

나뭇가지에 붙어있는 늦털매미

* 지금까지 *Cicadetta* 속은 '풀매미속'으로 불렸지만, 풀매미와 고려풀매미는 차후 세모배매미와는 별개의 속으로 분리되어야 한다고 생각되므로, *Cicadetta* 속은 그 속의 모식종인 세모배매미의 이름을 따서 '세모배매미속'으로 부르는 게 합당하다고 생각된다.
Takapsalta (Matsumura, 1927) 속에 붙여졌던 '세모배매미속'이라는 이름도 따라서 변경되어야 하나, *Takapsalta* 속은 *Cicadetta* 속의 동속이명으로 정리되어야 할 이름이므로 새로운 이름을 붙이지 않는다.

우리나라 매미의 분류표

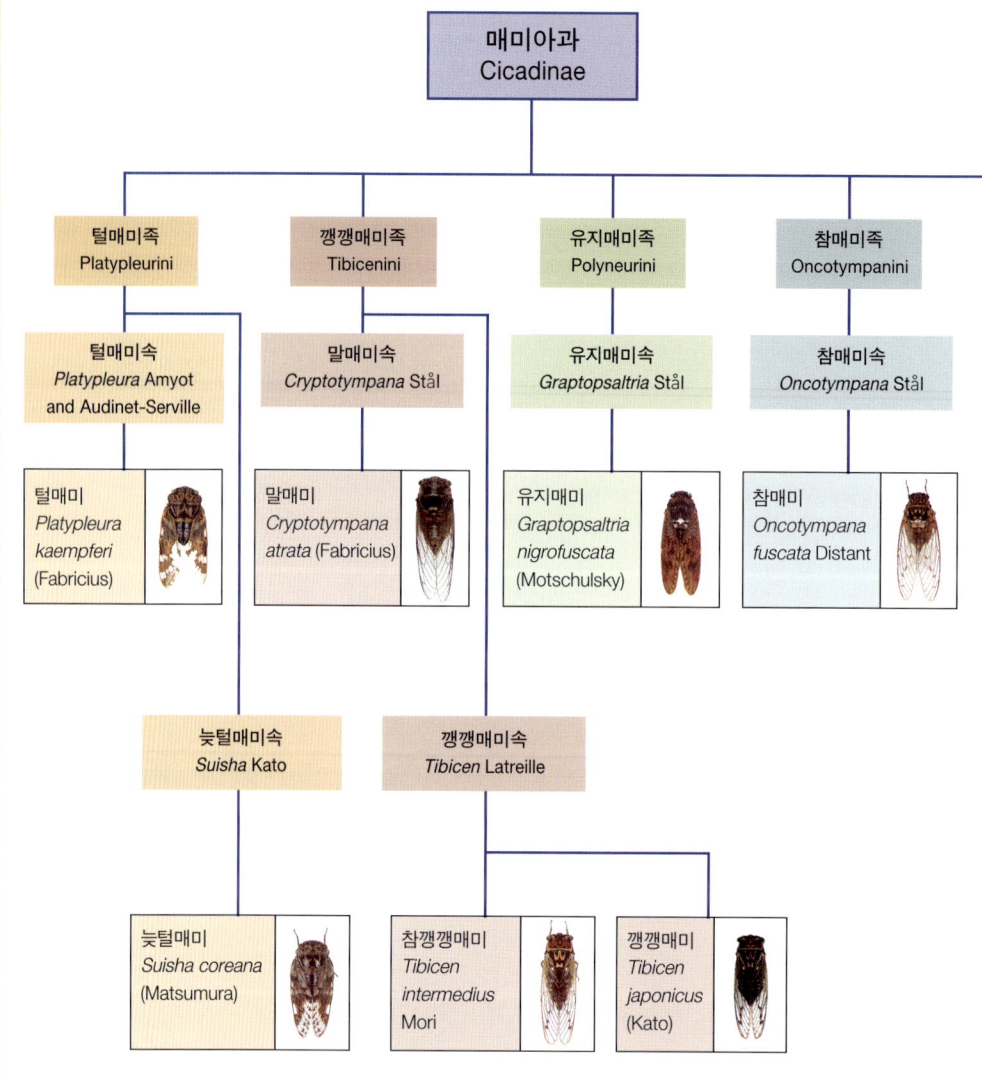

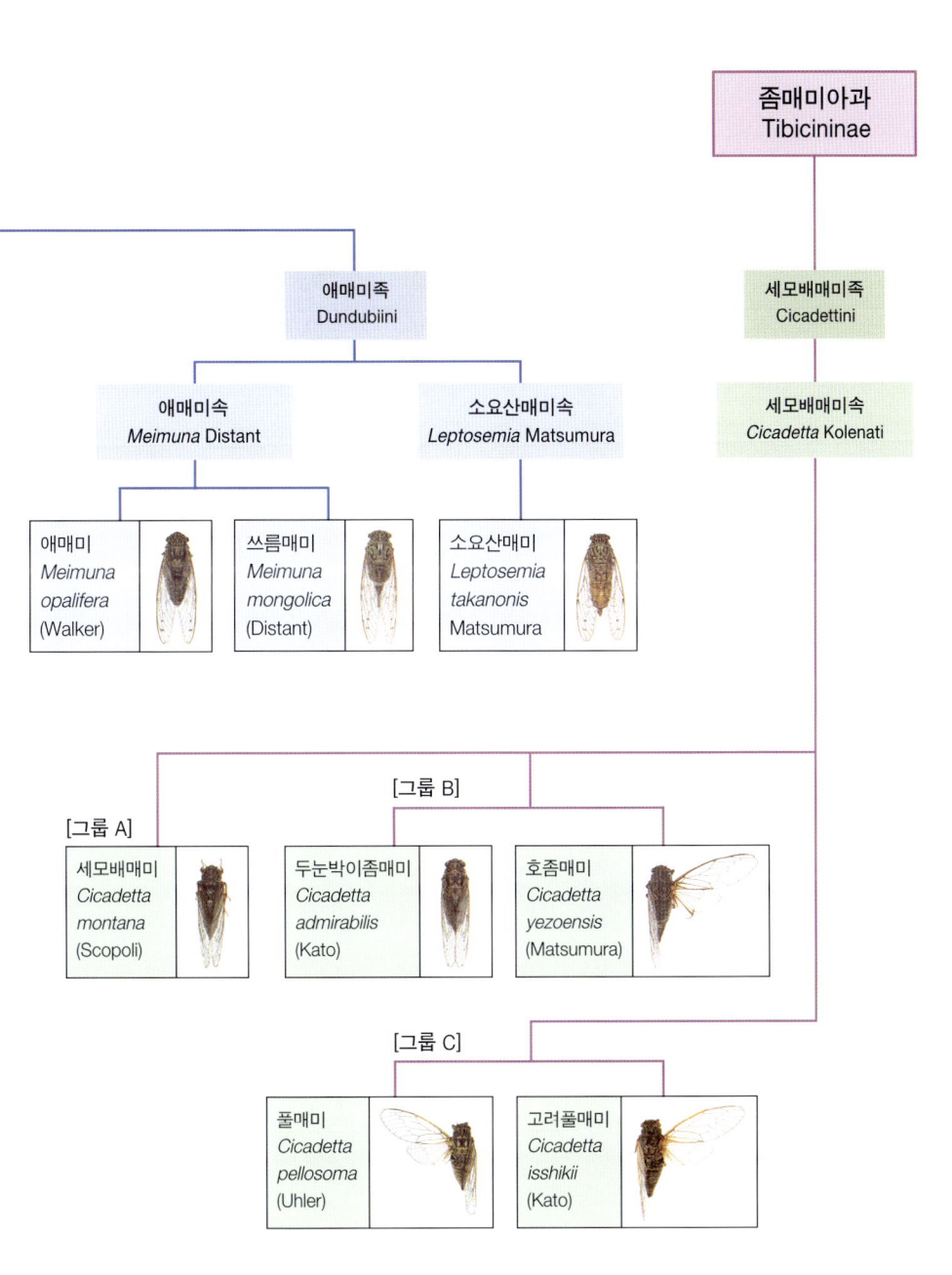

매미에 대하여

매미의 생김새

매미는 다른 곤충과 마찬가지로 크게 몸이 머리, 가슴, 배의 세 부분으로 나뉜다. 매미의 가슴은 등쪽에서 볼 때 앞가슴등과 가운데가슴등으로 확연하게 구분된다. 날개는 두 쌍이 모두 잘 발달되어 있고, 날 때는 앞, 뒷날개가 서로 고리로 연결되어 맞물리며 움직인다. 홑눈은 3개이며, 가운데가슴 뒤편에는 X자 융기가 있다. 배는 외부에서 볼 때 제2마디부터 제8마디로 이루어져 있다.

매미는 수컷의 제2배마디 앞가장자리에 진동막덮개(tymbal covering)가

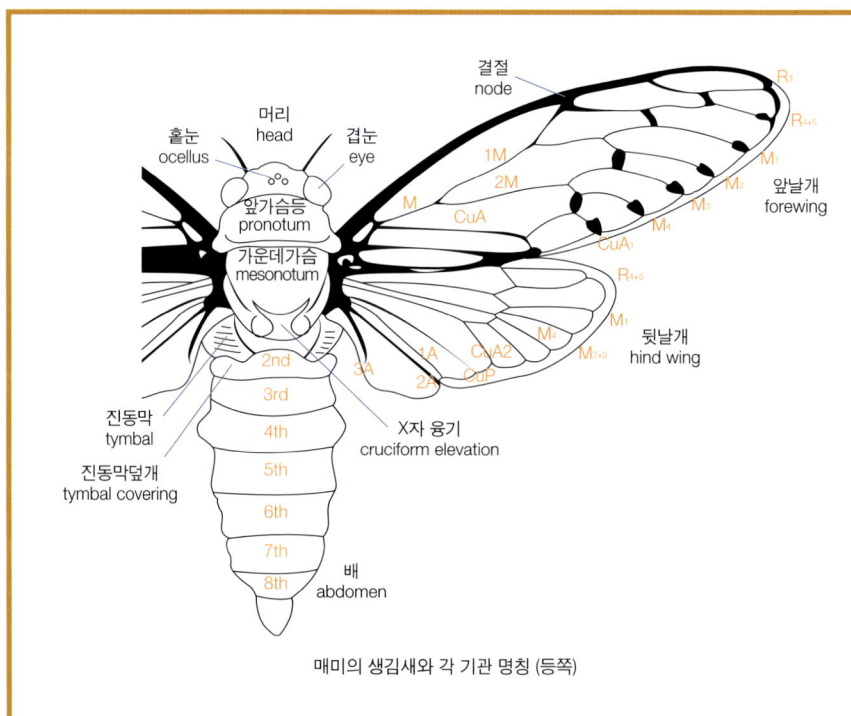

매미의 생김새와 각 기관 명칭 (등쪽)

붙어 있는 종도 있고 없는 종도 있는데, 이 진동막덮개의 유무로 매미아과(亞科)와 좀매미아과를 나눈다. 진동막덮개가 있는 종 중에서도 진동막덮개가 커서 진동막이 완전히 또는 대부분 덮이는 종도 있고, 진동막덮개가 작아서 진동막이 밖으로 노출되는 종도 있는데, 이 진동막덮개의 발달 정도나 모양은 매미과(科) 분류의 중요한 열쇠이다.

그 밖에 매미를 분류하는 중요한 형질로 배딱지(또는 뱃잎), 날개맥, 머리, 배의 모양 등 외부 형태와 수컷 생식기의 모양이 있다. 종 수준의 분류에는 몸의 색깔 및 무늬 모양, 날개의 무늬 모양 등도 중요한 형질이 된다.

최근 분자생물학의 발달에 따라, 외부 형태를 기초로 한 분류를 보완하여 유전자 염기서열을 가지고 계통 관계를 따져보는 실험도 보편적으로 행해지고 있다.

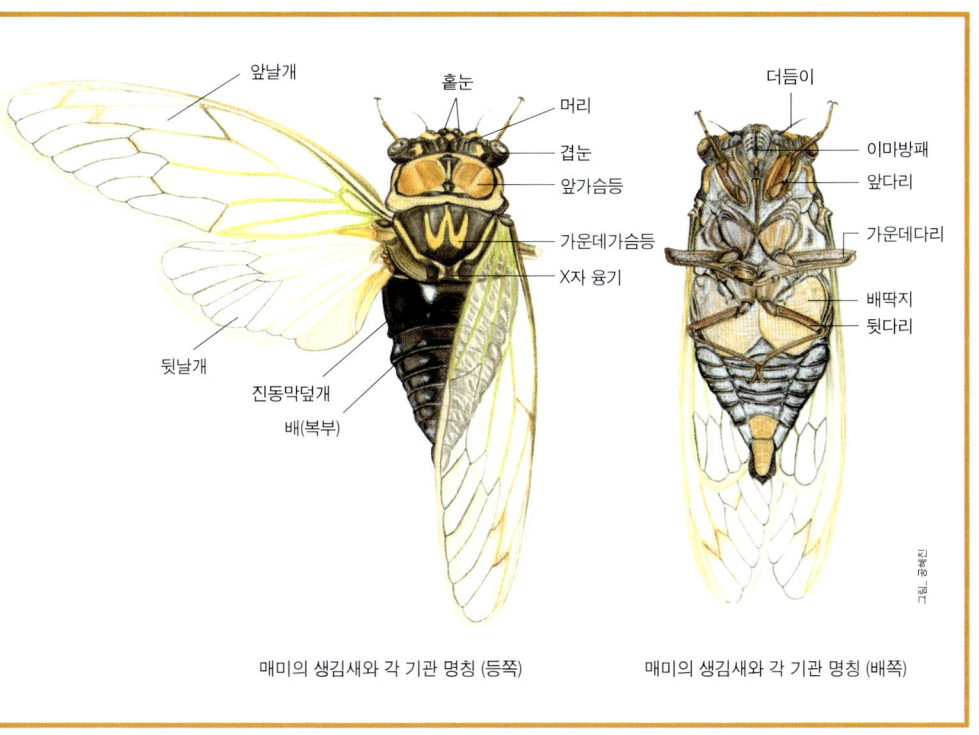

매미의 생김새와 각 기관 명칭 (등쪽)　　매미의 생김새와 각 기관 명칭 (배쪽)

매미의 생식기

매미 종 분류의 중요한 형질로 수컷의 생식기 모양을 사용하는데 아래 그림처럼 크기나 모습이 각각 다르다. 암컷의 산란관 모습도 종종 분류에 사용되는데, 우리 매미 중 애매미와 쓰름매미는 특이하게도 산란관이 길게 돌출되어 있다.

수컷의 생식기 모습

수컷의 생식기는 동그라미 표시한 생식판 속에 들어있다

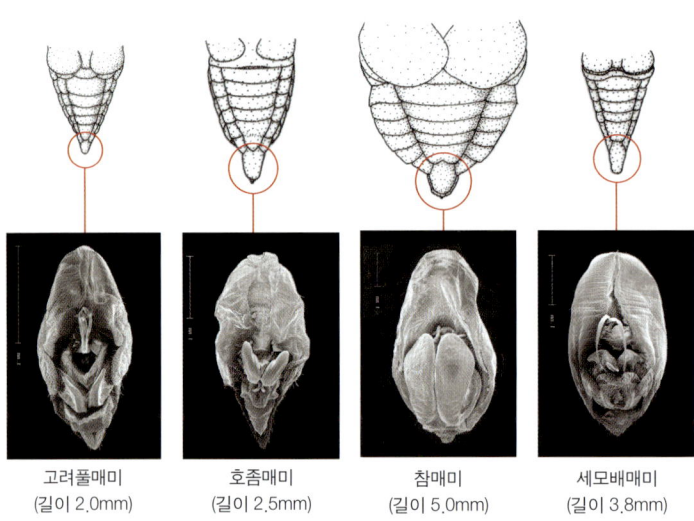

고려풀매미
(길이 2.0mm)

호좀매미
(길이 2.5mm)

참매미
(길이 5.0mm)

세모배매미
(길이 3.8mm)

암컷의 생식기 모습

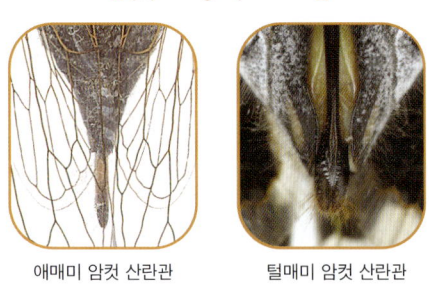

애매미 암컷 산란관

털매미 암컷 산란관

매미 수컷의 복부 비교

매미의 종을 구분할 때 기준으로 삼는 또 다른 형질로 수컷의 배딱지와 배 모양이 있다. 그림에서 보는 것처럼 종마다 배딱지와 배의 모양이 제각각인 것을 알 수 있다.

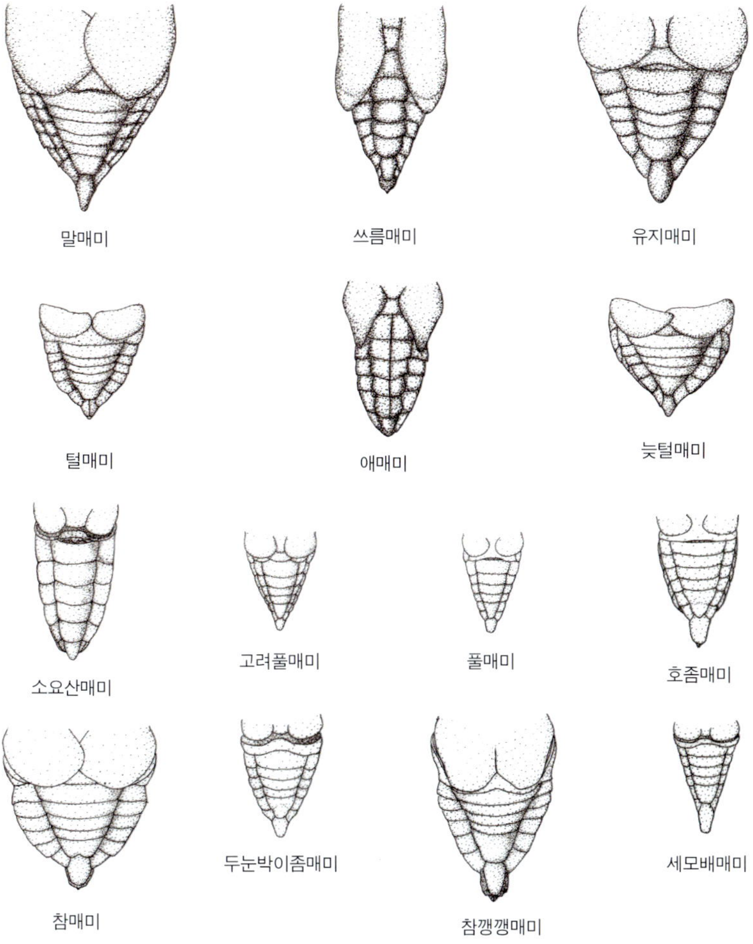

말매미	쓰름매미	유지매미
털매미	애매미	늦털매미
소요산매미	고려풀매미	풀매미	호좀매미
참매미	두눈박이좀매미	참깽깽매미	세모배매미

매미에 대하여 21

매미에 대하여

매미의 생태

매미는 불완전변태를 하는 곤충으로 일생이 알, 애벌레, 성충의 세 단계로 나뉘며 번데기 기간은 없다.

한살이를 간단히 살펴보면, 나무줄기나 가지에 산란한 알에서 깨어 나온 매미의 애벌레는 땅속으로 들어가 침처럼 뾰족한 주둥이로 나무뿌리의 수액을 빨아먹으면서 4~5차례 탈피를 하며 몇 해를 자란다. 한 번 탈피한 애벌레를 2령 애벌레라 하고, 2, 3, 4차례 탈피하면서 3, 4, 5령 애벌레로 자라난다. 다 자란 애벌레는 땅 위로 기어 나와 성충으로 탈피한다.

탈피각에서 빠져 나온 참매미 암컷(서울 저동, 1995.8.6)

01. 알
매미의 알은 대개 길쭉한 타원형으로 1.5~3mm 정도의 길이이다. 색깔은 대체로 희다. 암컷의 산란관은 뾰족하고 튼튼해서 산 가지나 죽은 가지의 표면을 찢어 연속적으로 구멍을 만들면서 그 속에 알을 낳는다. 종에 따라 한 구멍에 수 개에서 십수 개씩의 알을 낳는다. 암컷 한마리가 낳는 알의 전체 개수는 종에 따라 다르나 일반적으로 200~600개 정도이다.

외국에서는 나무가 아닌 풀에 알을 낳는 종도 보고되었지만, 한국에서는 아직 그러한 보고가 없다. 풀매미가 알을 풀에 낳는지 나무에 낳는지도 아직 생태가 밝혀지지 않아서 알 수가 없다.

산란된 말매미, 유지매미, 참매미, 애매미 등의 알은 이듬해 여름에 부화하지만 털매미와 세모배매미의 경우는 산란된 해 가을에 부화하는 것으로 알려져 있다. 참깽깽매미, 쓰름매미, 소요산매미, 호좀매미, 풀매미 등의 부화시기는 조사가 더 필요하다.

02. 애벌레
알에서 깨어난 애벌레는 얇고 투명한 껍질로 싸여 있어 다리가 제 기능을 하지 못하는데, 이를 전유충이라 한다. 이러한 형태는 애벌레가 알과 구멍에서 빠져나오는 데 도움이 된다.

몇 분 후 껍질을 벗은 애벌레는 땅으로 낙하하여 틈을 찾아 땅속으로 들어가서 기나긴 땅속 애벌레 생활을 시작한다. 매미의 애벌레는 땅속에서 대개 네 차례 허물을 벗는다. 매미의 성충이 지상의 나무줄기나 가지에서 즙을 빨아먹는 것처럼 매미의 애벌레는 땅속 기간 중 영양분을 나무뿌리에서 취한다. 풀매미의 애벌레와 성충은 나무보다는 풀의 즙을 빨아먹을 가능성도 있다.

03. 애벌레로 땅속에서 지내는 기간
애벌레가 땅속에서 보내는 기간은 종에 따라 1~2년, 3~4년, 5~6년 등으로 다양하다.

매미는 땅속에서 생활하는 애벌레 기간이 길어, 자연 상태에서 매미의 애벌레가 땅속에서 몇 해를 보내는지는 추적하기가 어렵다. 사육도 어려워서 한국산 매

땅굴 속의 애벌레

땅굴 속의 애벌레

미의 종별 한살이는 아직 많이 밝혀지지 않았다.

일본에서는 드물게 사육에 성공한 예가 있어서 몇 종의 한살이가 알려졌다. 하지만 기온, 습도 등 자연 상태와는 생육조건이 다른 제한된 환경에서 사육된 결과라서, 실제 자연 환경에서는 애벌레 기간이 더 길 수도 있다. 자연 상태에서도 자라난 곳의 기온이나 영양 상태가 서로 달라 같은 종 내에서도 애벌레 기간이 달라질 수 있다.

일본의 사육 예를 보면, 털매미의 경우 산란 후 성충이 될 때까지 4~5년(주로 4년)이 걸리며 산란한 해에 부화하여 땅속으로 들어간다. 애매미의 경우에는 산란한 이듬해 여름에 부화하여, 그 후 1~2년(주로 2년)의 애벌레 기간을 보낸다. 유지매미도 이듬해 부화한 후 3~4년, 참매미와 가까운 민민매미도 이듬해 부화한 후 2~4년의 애벌레 기간을 보낸다고 한다.

카토와 수가누마(Kato and Suganuma, 1931), 이의순(Lee, 1961, 1963a, b) 등이 말매미의 생태에 대해 보고하였으나 사육에 의한 것은 아니었다.

북미에 사는 주기매미류(*Magicicada* spp.)는 땅속 애벌레 기간이 13년 또는 17년이나 되어서 '13년매미' 또는 '17년매미' 라고도 불리는데, 이 종들은 매년 나타나지 않고 12년 또는 16년의 공백기 후, 13년 또는 17년째마다 대량으로 발생한다. 이 현상은 천적을 따돌리려는 하나의 생존 전략으로 생각되고 있다.

04. 탈피

다 자란 5령 (5차례 허물을 벗는 종일 경우 6령) 애벌레는 땅 위로 통하는 터널을 땅 표면 바로 밑까지 만들어 놓고 탈출을 기다린다. 지상 탈출과 탈피는 대개 기상 조건이 좋은 날 이루어진다. 애벌레는 맑은 날을 골라 대개 저녁 해질 무렵 땅 위로 기어 나와 나무줄기나 나뭇가지 등에 몸을 고정시킨 후 성충으로 탈피한다.

탈피를 끝내고 날개가 다 펴지는 데는 1~2시간이 걸리고, 처음에 연하던 몸색

깔이 제 빛깔을 찾으려면 또 몇 시간이 걸려야 한다. 동틀 무렵이면 날개가 빳빳해져서 날 수 있게 된다.

05. 성충으로 사는 기간

흔히 매미는 성충이 되어 지상에서 일주일밖에 살지 못한다고 한다. 하지만 그것은 일본의 유명한 매미학자인 카토(Kato, 1956)가 유지매미를 일정 범위 밖으로 도망가지 못하게 해놓고 관찰한 결과 탈피 후 5일 동안 생존한 개체가 가장 많았고, 7~10일 정도 생존한 개체가 약간 있었으며, 10일 이상 생존한 개체는 거의 없었다는 실험 결과에서 나온 이야기이다.

이러한 인위적인 공간 안에서의 관찰은 매미 성충에게 많은 스트레스를 주어 수명에 영향을 미쳤을 것이며, 실제 자연 속에서의 성충 수명은 더 길 것이라 생각한다. 매미를 산 채로 집 안에 가두어 놓으면 먹이가 있더라도 얼마 안 가 죽는 것을 볼 때 매미는 제한된 환경에서는 죽음에 이를 정도로 스트레스를 많이 받는 것으로 보인다.

짝짓기를 하고 있는 고려풀매미

털매미 성충이 처음 출현하는 시기는 6월 10일경이며 그 울음소리는 한여름을 지나 9월 중순까지도 들을 수 있다. 애벌레가 지상으로 탈출하여 탈피 후 성충이 되는 날짜는 개체마다 차이가 있지만, 그 편차를 넉넉히 두 달 정도로 잡더라도 8월 초순까지는 거의 모두 탈피를 끝낸다고 할 수 있다. 8월 초순에 나온 개체가 9월 중순까지 생존한다고 가정한다면, 최적의 조건에서라면 적어도 한 달은 성충으로 살 수 있다는 얘기가 된다.

산란 후 생명을 다한 애매미 암컷

종에 따라 다르지만, 매미는 성충으로 탈피한 후 울 수 있게 되기까지 며칠이 걸리는 것이 보통이다. 만약 일주일밖에 살지 못한다면 울게 되기까지 벌써 며칠이 지나므로 그 후 짝짓기를 해서 산란을 마칠 때까지의 시간 여유가 너무 없다고 할 수 있다.

참매미의 한살이

알 낳기_애매미

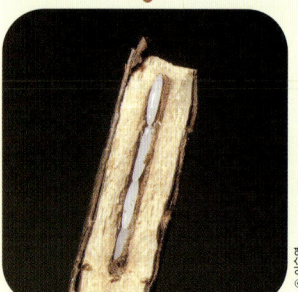
나뭇가지 속의 알

땅속의 애벌레

지상 탈출

탈피 시작

날개 펴기

탈피 완료

제 색을 찾음

매미들의 짝짓기

고려풀매미

유지매미

유지매미

털매미_짝짓기 하기 직전의 모습

털매미

소요산매미

짝짓기 하는 소요산매미

매미에 대하여

매미의 울음소리

 ## 매미의 수컷은 왜 우는가

대부분의 매미는 수컷만 울음소리를 낼 수 있고, 암컷은 발음기가 없어 울지 못한다. '벙어리매미' 란 바로 암컷 매미를 가리키는 말이다.

수컷 매미가 울음소리를 내는 가장 중요한 까닭은 같은 종의 암컷을 유인하여 짝짓기를 하고 자손을 퍼트려야 하기 때문이다. 우리가 흔히 들을 수 있는 매미 울음소리가 바로 이러한 '유인음' 인데, 이 유인음은 종마다 다르기 때문에 다른 종끼리는 짝짓기를 하지 않는다.

서식하는 지역에 따라 울음소리가 조금씩 다른 종도 있다. 예를 들어 애매미의 울음소리는 보통 '서주, 제1주제, 간주, 제2주제, 종결부' 의 5개 부분으로 나눌 수 있는데, 일본 대부분 지역에 사는 애매미의 울음소리는 '간주' 부분이 없고, 대만에 사는 애매미의 울음소리에는 '간주' 는 있지만 '제2주제' 부분이 한국이나 일본의 애매미와 상당히 다르다. 특이하게 일본 야쿠시마 (屋久島)에 사는 애매미의 울음소리는 '간주' 와 '제2주제' 부분이 아예 없다.

유인음은 어떤 종에게는 같은 종의 수컷들도 불러 모으는 효과가 있다. 윌리엄스와 사이먼(Williams and Simon, 1995)은 북미산 주기매미가 이러한 집합 현상을 나타낸다고 보고하였고, 모울즈(Moulds, 1990)는 호주의 삼각머리매미(신칭)(*Cyclochila australasiae* (Donovan, 1805)나 배주머니매미(신칭)(*Thopha saccata* (Fabricius, 1803)) 같은 종이 이러한 집합 현상을 보인다고 하였다. 우리나라 매미 중에서는 참매미나 쓰름매미 같은 종이 이러한 습성을 보인다. 모울즈(Moulds, 1990)는 한꺼번에 많은 수컷이 울음소리를 내면

소리의 세기가 매우 강해져서 천적인 새들의 귀에 충격을 주어 감히 가까이 접근하지 못하게 하거나, 새들 간의 통신을 방해하여 새들의 매미 사냥 성공률을 떨어뜨리는 효과가 있다고 하였다. 천적이 울고 있는 매미의 위치 파악을 어렵게 하는 것도 한 가지 이유가 되겠다.

'공격음'을 내는 종도 있는데, 이러한 공격음은 가까이에서 울고 있는 같은 종의 다른 수컷에 대해 경고하거나 울음을 방해하는 효과가 있는 것으로 보인다. 한국에서는 애매미가 이러한 습성을 보이는데, 현란하고 아름다운 유인음과는 딴판인 "지———" 하는 거센 공격음을 낸다. 애매미는 울음소리를 한 번 마치고는 곧잘 다른 곳으로 이동하는 습성을 보이는데, 유인음으로 동종의 수컷들을 불러 모아 천적을 물리치기보다는 경쟁자를 다른 곳으로 보내는 편이 더 유리하기 때문에 이러한 공격음이 발달한 것이 아닌가 싶다.

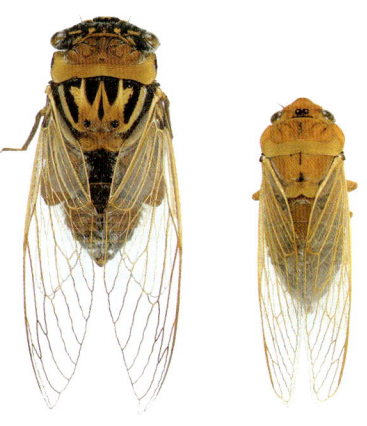

호주산 배주머니매미 수컷   호주산 삼각머리매미 수컷

참깽깽매미가 앉아 있는 근처에 다른 종의 매미가 날아와 울면 역시 "트르르르륵! 트르르르륵! ……." 하는 소리를 내는데, 이것도 공격음에 속한다고 할 수 있다. 참깽깽매미는 사람이 접근해도 이러한 공격음을 낸다.

일부 종은 덤벼드는 천적에 대해 위협을 주기 위해 평상시 울음소리보다 음량을 높인 '교란음'을 발산하는 경우도 있다. 또한 윌리엄스와 사이먼(Williams and Simon, 1995)은 주기매미의 경우에 교란음의 사례가 있다고 보고한 바 있다.

매미 수컷이 잡혔을 때는 '비명음'을 내지르는 것이 일반적인데, 이것이 주위 다른 매미에게 특별히 위험을 경고하는 효과가 있는 것 같지는 않다.

 ## 울음소리를 내는 기관

매미의 발음기는 진동막, 발음근, 공기주머니 등으로 구성되어 있다. 견고한 키틴질의 얇은 막으로 된 진동막은 표면이 갈빗대처럼 볼록볼록 나와 있는 구조이며, 수컷 제1배마디 윗면 양쪽에 하나씩 한 쌍이 위치한다. 발음근은 복부 내부에서 진동막과 연결되어 있는 V자 모양의 근육을 말한다. 공기주머니는 제1배마디 내 진동막 바로 밑에 한 쌍이 존재한다.

  매미의 진동음은 발음근이 진동막을 빠르게 진동시키면서 발생한다. 진동음의 주파수는 진동막의 진동 속도와 2차적인 복부의 움직임에 의해 결정되는데, 매미의 수컷은 발음을 할 때 복부를 늘여 복부 속의 공기주머니를 통해 소리의 울림을 최대화하여 음량을 증대시킨다. 이러한 복부 신장으로 인해 복부 끝이 치켜 올라가면 배딱지와 복부 사이에 틈이 벌어져 울음소리를 효과적으로 밖에 전파할 수 있다.

털매미 수컷의 진동막   털매미 수컷의 발음근   털매미 수컷의 배딱지

 ## 울음소리의 주파수

매미 울음소리의 주파수는 대부분의 종이 3~10kHz의 범위에 있다. 그런데 특이하게도 호주산 배불룩나뭇잎매미(신칭)(*Cystosoma saundersii* (Westwood, 1842))의 울음소리는 1kHz 이하의 매우 낮은 주파수 범위에 있다. 반면에 세모배매미의 울음소리는 초음파에 접근하는 14kHz 전후의

주파수 범위에 있기 때문에 아주 가까이 접근하지 않고는 사람의 귀에 잘 들리지 않는다. 포포브 등(Popov et al., 1997)에 의하면 유럽산 꼬마풀매미(신칭)(*Tettigetta brullei* (Fieber, 1876))는 이보다 더 높은 16~20kHz의 주파수 범위라서 1~2m 거리에서만 들을 수 있다고 하며, 모울즈(Moulds, 1990)는 호주산 붉은무늬풀매미(신칭)(*Urabunana daemeli* (Distant, 1905))도 높은 주파수의 울음소리를 내기 때문에 사람의 가청 범위를 벗어난다고 한다.

배불룩나뭇잎매미

 울음소리의 세기

매미의 울음소리는 때로 소음이 되기도 한다. 울음소리가 큰 종으로는 먼저 호주산 삼각머리매미와 배주머니매미를 꼽을 수 있다. 모울즈(Moulds, 1990)에 의하면 이들의 울음소리는 근접했을 때 약 120dB의 세기이다. 말매미는 한국산 매미 중에서 가장 강한 울음소리를 내는 종으로, 여러 마리가 합창하면 굉장한 소음이 되어 여름만 되면 소음공해의 주범으로 매스컴에 오르곤 한다.

매미의 몸체가 클수록 음량이 커지는 경향이 있는데, 큰 울음소리는 동종 간 교신에 보다 유리하다. 몸체의 크기가 클수록 울음소리가 큰 까닭은 대형 종의 발음근 크기가 소형 종보다 더 커서 장력이 더 세고, 공기주머니도 더 커서 울림이 더욱 효율적이기 때문이다.

　호주산 배불룩나뭇잎매미는 낮은 주파수의 울음소리를 최대한 강하게 하기 위해서 몸집에 비해 매우 큰 배를 가지고 있다. 산본과 필립스(Sanborn and Phillips, 1995)에 의하면 이 종의 울음소리 세기는 50cm 거리에서 82.64dB가량이다.

　동종 개체간의 음량 차이도 있는데, 개체의 크기, 노화 정도나 생리적 상태, 서식지 내 경쟁자의 존재 유무 등에 따라 차이가 생긴다.

울음의 조건, 체온

산본(Sanborn, 1997a, b)에 의하면 매미가 울음을 시작하려면 매미의 체온이 일정 범위에 들어야 하며, 그 체온 범위는 종마다 다르다고 한다. 또한 모울즈(Moulds, 1990)는 호주산 배불룩나뭇잎매미는 체온이 15℃ 이상이 되어야 울음을 시작할 수 있으며, 삼각머리매미는 18.5℃ 이상되어야 울음을 시작한다고 밝히고 있다.

　1993년 7월 21일에 서울 지방의 최저 기온은 16.2℃였는데, 당시 경기도 광릉에서 매미 울음소리는 털매미 소리를 제외하고는 전혀 들리지 않았다. 아마도 저온 현상 때문에 대부분의 매미가 울음소리를 낼 수 있는 체온에 이르지 못했던 것이 아닐까 추측된다. 털매미는 6월 초, 중순경부터 우는 종으로, 비교적 낮은 기온에서도 울 수 있는 종이다.

　산본(Sanborn, 1997a, b)에 의하면 일단 울음을 낼 수 있는 체온 범위 내에 들어 울음이 시작된 후에도 체온이 변화하면 음량도 변화할 수 있으며, 그러한 음량 변화는 발음근의 온도 상승에 따른 장력의 증대 때문이라고 한다.

울음의 조건, 주위의 밝기

종에 따라 울음소리를 내는 시간대가 서로 다른 경우가 많다. 밝은 대낮에 우는 종이 많지만, 특이하게 황혼에만 우는 종도 있다. 모울즈(Moulds, 1990)는 호주에 이러한 종 중에 잘 날아다니지 못하는 종이 많은데, 새들이 자신을 쉽게 발견할 수 없도록 주위가 어두워졌을 때 소리를 낸다고 하였다.

동아시아 일부 지역에 분포하는 저녁매미속(*Tanna* Distant, 1905) 종들은 흐리거나 비가 오는 날에는 낮에 울기도 하지만 대부분 황혼이 질 때 울기 시작해서 완전히 컴컴해진 후 울음을 그친다. 저녁매미속의 종들은 포충망을 갖다 대어도 틈을 찾아 곡선비행을 하며 빠져 달아날 정도로 고도의 비상능력을 타고났다. 그런데도 왜 저녁때 우는 습성을 가지게 되었는지 아직은 밝혀지지 않았다.

애저녁매미

같은 속의 매미들은 울음소리가 비슷한가?

매미는 가까운 종끼리라도 울음소리가 서로 크게 다른 경우가 흔하다. 물론 털매미속에 속하는 종들과 같이 서로 울음소리가 비슷한 경우도 있지만, 말매미속에 속하는 말매미, 대만말매미(신칭)(*Cryptotympana takasagona* (Kato, 1925)), 진날개말매미(신칭)(*Cryptotympana holsti* (Distant, 1904)) 등과 같이 제각기  꼬마소요산매미 수컷
전혀 딴판인 울음소리를 내는 경우도 있다. 지구상에 단 두 종만이 존재하는 소요산매미속의 소요산매미와 꼬마소요산매미(신칭)(*Leptosemia sakaii* (Matsumura, 1913))도 모습은 매우 비슷하지만 울음소리는 전혀 딴판이다.

매미에 대하여

세계에서 가장 큰 매미와 가장 작은 매미

동남아시아에 분포하는 황제매미(신칭)(*Pomponia imperatoria* (Westwood, 1842))의 수컷은 몸길이가 7cm에 달하고 날개까지 합친 전체길이는 10cm가 넘어 지금까지 지구상에서 발견된 수천 종의 매미 종들 중에서 가장 큰 몸집을 자랑한다. 몸집이 큰만큼 울음소리도 우렁차다. 반면, 호주 남동부에서 희귀하게 발견되는 좀풀매미(신칭)(*Urabunana verna* Distant, 1912)는 몸길이가 1cm 내외에 불과하여 지구상 매미 종들 중에서 가장 몸집이 작다. 좀풀매미 수컷은 매우 낮은 음으로 운다. 황제매미의 몸길이는 좀풀매미의 약 7배이며, 좀풀매미 300마리 정도가 모여야 황제매미 한 마리의 몸통 부피와 비슷하다.

좀풀매미(실제 크기의 X0.7배)

황제매미(실제 크기의 X0.7배)

화려한 외국 매미

*동남아 일대의 열대림에 사는 매미 중에는 색깔이 화려한 종들이 많다.

매미는 해충인가?

매미는 나무의 종류를 별로 가리지 않고 수액을 빨아먹으므로, 대부분의 나무에 대해 해충이 될 수 있다. 특히 말매미, 털매미, 유지매미 등은 배, 사과, 감, 감귤 등 과수의 해충으로 취급되고 있다.

매미의 애벌레는 뿌리를 통해 나무의 수액을 빨아먹는다. 이로 인한 수액 손실은 나무에 있어서는 영양분의 손실을 뜻하며, 과수의 성장 저해와 개화의 감소를 초래한다. 또한 성충은 성충대로 나무줄기나 가지에서 수액을 빨아먹는다. 매미가 수액을 빨아먹다 떠난 자리는 뚫린 구멍을 통해 얼마 동안 수액이 흘러나와 손실되는데, 이로 인해 과실의 발육이 저해되어 매미가 많이 붙는 과수나무에서는 과실이 충분히 여물지 못한다.

과수에 더 큰 피해를 입히는 것은 바로 암컷의 산란이다. 죽은 가지에 산란하는 종도 있지만, 많은 매미의 암컷은 산란관으로 생나뭇가지를 찢고 그 속에 알을 낳기 때문에, 산란 때 생기는 가지의 상처로 인해 가지 모양에 변화가 생기고 나무의 성장을 저해하고 결국 과실 발육을 저해한다. 또한 매미의 산란 행위로 생긴 상처를 통해 과수에 병원균이 감염되는 경우도 있다.

매미를 어떻게 방제해야 하나?

매미를 방제하는 방법은 몇 가지가 있으나 대체로 비효율적이거나 비용이 많이 들어 적용하기가 쉽지 않지만 소개한다.

01. 화학 살충제 또는 농약을 이용한 방제 방법
그러나 살충제의 살포는 인근 주민들의 건강을 위협할 수 있고 천적 등 다른 생물까지 해칠 수 있기 때문에 사용에 주의를 요한다. 또한 매미들은 비상 능력이 뛰어나 약제 살포 지역을 피해 멀리 도망갈 수 있으므로 매미를 해당 지역에서 완전히 박멸할 수 없으며 약효가 떨어질 무렵 제자리로 되돌아온다.

흡즙성 곤충의 방제에 쓰이는 침투성 살충제를 사용하는 방법을 생각해 볼 수도 있으나, 살충제 성분이 과일 속에 스며들 수 있기 때문에 과수에는 사용하기 어렵다.

무엇보다도 한국에는 아직 매미 살상용으로 개발된 살충제가 없어서 매미에 대한 화학적 방제를 가로막는 걸림돌이 되고 있다. 다른 해충용 살충제를 충분한 시험, 검토를 거쳐 허가 받지 않고서는 매미에 사용할 수 없기 때문이다.

02. 불임 수컷 방사 기술을 적용하는 방법 하지만 매미의 1세대가 수년에 걸치므로 여러 세대를 방사하는 데에는 시간이 너무 많이 걸린다. 또한 매미는 몸집이 커서 불임 수컷을 보관, 운반하는 데에도 많은 공간이 필요하므로 비경제적이다.

03. 매미를 잡아먹는 조류를 도입하는 방법 그러나 조류는 매미뿐만 아니라 다른 유용한 곤충과 식물에도 피해를 줄 수 있으므로 도입에 신중해야 한다.

04. 매미의 천적 곤충을 선발하여 이를 대량 사육한 후 피해 지역에 방사하는 방법 그러나 한국산 매미의 각 종에 적합한 천적을 찾아내는 데에도 시간과 노력이 많이 필요할 뿐더러 일단 찾아내더라도 고도의 천적 곤충 사육기술이 필요하다. 또한 매미는 곤충 천적보다는 조류 천적의 영향을 훨씬 더 크게 받기 때문에 효과가 그리 크지 않을 수도 있다.

05. 매미 애벌레의 방제를 위해 미생물농약을 개발하여 피해 지역 토양에 살포하는 방법 그러나 이 또한 농약 개발에 많은 시간과 비용이 소요되며, 방제 대상이 아닌 다른 생물에 미치는 영향에 대해서도 충분한 연구가 선행되어야 한다.

06. 매미가 수액을 흡수하고 산란하려고 나무에 붙는 것을 방지하기 위해 매미 발생시기에 나무마다 합성섬유 등 질긴 재질로 만든 망을 덮어씌워 매미가 가지에 앉지 못하도록 하는 방법 이때 그물눈은 매미가 들어갈 수 없을 정도로 고와야 하며 햇빛이 가려지는 면적을 최소화하기 위해 그물의 굵기가 되도록 가늘어야 한다. 키 작은 과수에는 사용해 봄직하나 비용이 많이 들며, 해마다 망을 덮어씌우는 작업을 해야 하는 번거로움이 있다.

07. 암컷이 산란한 가지를 골라 일일이 알을 제거해 주는 방법 이 방법으로는 당해 년도의 피해는 막을 수 없지만 알들이 성충이 되어 나오는 수년 후의 피해는 줄일 수 있다.

08. 매미를 손으로 일일이 잡아 죽이는 원시적인 방법 이 방법은 인원이 많이 필요하고 기간도 많이 소요되지만, 해가 진 후 탈피하기 위해 땅속에서 기어 나온 애벌레를 겨냥하여 몇 주간 작업을 한다면 어느 정도 효과를 볼 수 있다. 이 방법으로는 특정 지역 매미 개체군의 완전 박멸은 어렵겠지만 매미들이 동시에 합창을 하여 천적인 조류를 물리치는 효과는 떨어지므로 오히려 새들이 매미를 잘 잡아먹을 수 있다. 소수만 살아남은 개체군은 얼마 가지 않아 점차 포식에 의해 최소 개체수 수준으로 떨어지는 운명을 맞게 될 것이다.

09. 소리를 내는 곤충인 매미의 습성을 이용하여 다른 소리로 격퇴하거나 유인할 수 있는 방법 아직 검증되지 않은 방법이지만 연구해 볼 만한 가치가 있을 것으로 생각한다.

우리나라의 매미

털매미	쓰름매미
늦털매미	소요산매미
참깽깽매미	세모배매미
깽깽매미	두눈박이좀매미
말매미	호좀매미
유지매미	풀매미
참매미	고려풀매미
애매미	

나뭇가지에 붙어있는 늦털매미

한눈에 보는 우리나라의 매미

매미의 종류
- 몸길이
- 문헌상의 다른 이름
- 국내 분포
- 국외 분포
- 성충 발생 시기
- 서식 고도
- 부화 시기
- 울음소리 묘사
- 울음소리 특징

털매미
- 24mm 내외
- 씽씽매미
- 한반도 전역
- 한국, 중국, 일본, 대만, 말레이시아
- 6월 초, 중순~9월 중순
- 평지, 저산지
- 산란된 해 가을
- 찌——
- 약한 연속음

늦털매미
- 23mm 내외
- 씽씽매미
- 한반도 전역
- 한국, 중국, 일본 쓰시마
- 8월 말~11월 초순
- 평지, 저산지
- 산란 이듬해 6월
- 씨—익 씩 씩 씩 씩 씩 … 씨—익 씩 씩 씩 씩 씩 …
- 약한 단절음

참깽깽매미
- 38mm 내외
- 깽깽매미
- 한반도 전역
- 중국
- 7월 초순~9월 중순
- 고산지
- ?
- 뜨르르르——
- 중간 정도 세기의 연속음

깽깽매미

- 42mm 내외
- –
- 한반도 분포 의문시
- 일본
- 7월 중순~8월 하순 (일본산)
- 저산지, 고산지(일본산)
- ?
- 기르르르——(일본산)
- 중간 정도 세기의 연속음

말매미

- 43mm 내외
- 검은매미
- 한반도 전역
- 중국, 일본 혼슈, 대만, 인도차이나 북부
- 6월 말~10월 초
- 평지, 저산지
- 산란 이듬해 6~7월
- 차르르르——
- 강한 연속음

유지매미

- 36mm 내외
- 기름매미
- 한반도 전역
- 일본, 중국
- 7월 초순~9월 중순
- 평지, 저산지
- 산란 이듬해 여름
- 지글 지글 지글 …
- 강한 연속음

참매미

- 35mm 내외
- 매미
- 한반도 전역
- 중국, 극동 러시아
- 7월 초~9월 중순
- 평지, 저산지, 고산지
- 산란 이듬해 여름
- 밈 밈 밈 밈 … 미——
- 강한 단절음

애매미
- 30mm 내외
- 기생매미, 애기매미, 굴쩌기
- 한반도 전역
- 중국, 일본, 대만
- 7월 초순~10월 초순
- 평지, 저산지, 고산지
- 산란 이듬해 여름
- 싸우— 쥬쥬쥬쥬— 쓰와 쓰와 —쓰츠크츠크츠크… 오—쓰 츠크츠크… 오쓰 …히히히쓰 히히히히히히… 씨오츠 씨오츠 씨오츠 씨오츠 … 츠르르르르…
- 약하고 변화무쌍한 음

쓰름매미
- 33mm 내외
- 씨르라미, 쓰르라미, 따르미
- 한반도 전역
- 중국
- 7월 초순~9월 중순
- 평지
- ?
- 쓰ーー름 쓰ーー름 …
- 강한 단절음

소요산매미
- 26~33mm
- 소요산매미, 애기돌매미
- 한반도 전역
- 중국
- 5월 하순~8월 중순
- 평지, 저산지
- ?
- 지ーー잉 트웽! 지ーー잉 트웽! 지ーー잉 트웽! 지ーー잉 트웽! … 타카 타카 타카 타카 …
- 중간 정도 세기의 단절음

세모배매미
- 19.5mm 내외
- –
- 강원도 이북
- 구북구 북부(일본 제외)
- 5월 하순~8월 초
- 고산지
- 산란된 해 가을
- 지—— 지——익
- 미약한 단절음, 초음파에 가까운 14kHz 내외

두눈박이좀매미
- 23mm 내외
- 쇠매미, 두눈배기좀매미, 두점무늬좀매미, 두눈좀매미, 기시다좀매미
- 한반도 북부
- 중국
- ?
- ?
- ?
- ?
- ?

호좀매미
- 24mm 내외
- 쇠매미, 북방짓지매미
- 한반도 전역
- 중국, 일본 홋카이도, 극동 러시아
- 7월 하순~10월 중순
- 저산지, 고산지
- ?
- 칫칫칫칫…쩍 칫칫칫칫… 쩍 칫칫칫칫…
- 약한 단절음, 중베짱이와 흡사

풀매미
- 16mm 내외
- 풀짓지매미
- 매우 국지적
- 중국, 극동 러시아
- 5월 말~8월 초
- 저산지, 고산지
- ?
- 칫칫칫칫… 차짓칫칫 칫칫칫… 차짓칫칫 …
- 약한 단절음

고려풀매미
- 17mm 내외
- 좀매미, 고려짓지매미
- 한반도 전역
- 중국
- 5월 중순~8월 초순
- 저산지, 고산지
- ?
- 칫칫칫칫… 차짓칫칫 칫칫칫… 차짓칫칫 …
- 약한 단절음, 풀매미와 차이 없음

위장술의 천재 전천후 솔리스트 털매미

학명 *Platypleura kaempferi* (Fabricius, 1794)

최초 기록지 및 국외 분포 털매미의 최초 기록지는 일본이며, 한국, 중국, 일본, 대만, 말레이시아 등지에 분포한다.

한국 최초 기록 일본 학자 도이(Doi, 1917)가 학명 없이 일본명인 '니이니이제미(ニイニイゼミ)'로 기록한 것이 이 종의 한국 최초 기록이다.

이름의 유래 모리(Mori, 1931)가 울음소리를 흉내 낸 '씽씽매암이'라는 이름을 붙인 것이 이 종의 첫 이름이나, 몸 전체에 짧은 털이 덮여 있다고 해서 우리나라의 저명한 학자였던 조복성(Cho, 1946)이 붙인 이름 '털매미'가 주로 사용되어 왔다. 처음 붙여진 이름인 '씽씽매미'를 종명으로 쓰는 것이 좋겠지만, 오랫동안 '털매미'라는 이름을 훨씬 더 많이 써 왔고, '씽씽매미'를 쓰게 되면 '늦털매미'의 경우 이름의 근거가 없어지기 때문에 '털매미'를 그대로 쓰는 것이 더 좋겠다.

생김새

몸길이는 암수 모두 24mm 내외, 날개 끝까지의 길이는 38mm 내외로 작은 편에 속한다. 몸 전체에 짧은 털이 덮여 있다. 앞가슴등은 녹색 또는 주황색 바탕에 검은 무늬가 있다. 가운데가슴등 등쪽면은 검은 바탕 가운데에 W자 모양의 녹색 또는 주황색 무늬가 있다. 배 등쪽면은 검고 마디마다 뒷 가장자리가 녹색이다. 진동막덮개는 녹색이 도는 회색이다. 배의 배쪽면은 검정 바탕에 흰 가루로 덮여 있다. 앞날개에는 검정 혹은 회색톤의 구름 무늬가 있고, 뒷날개는 바깥 가장자리만 투명하고 안쪽은 모두 검다. 몸 등쪽면과 날개의 무늬는 나무 껍질의 색과 비슷하여 눈에 잘 띄지 않는다. 털매미의 탈피각은 겹눈을 제외한 온몸이 진흙으로 덮여 있다.

보호색으로 위장한 털매미(인천 용유도, 2003. 7. 19)

국내산 털매미의 변이

국내의 여러 지역에서 채집된 털매미의 표본들을 조사해 본 결과 울릉도, 제주도, 가거도(= 소흑산도) 등 외딴 섬에서 채집된 표본들은 육지산 개체들과는 약간 다른 외형 변이를 나타내는 것으로 관찰되었다. 앞으로 더 많은 표본을 입수하여 각 지역의 변이에 대한 체계적인 연구를 해야 할 필요성이 있다.

털매미속 털매미가 속한 털매미속(*Platypleura* Amyot and Audinet-Serville, 1843)에는 모식종(模式種)인 남아프리카산 *Platypleura Stridula* (Westwood,1845)를 비롯하여 전세계에 약 90종이 기록되어 있으며, 아프리카 동쪽 해안에서 아라비아, 인디아, 말레이 반도, 호주 및 아시아 대륙 북부에 걸친 광범위한 분포를 보이고 있다. 일본에는 아열대인 류큐 지방이 있어서 털매미속에 속하는 매미가 일본 특산종을 포함하여 5종이나 되지만, 한국에는 오직 털매미 한 종만 기록되어 있다. 대만에는 털매미와 함께 대만털매미(신칭)(*Platypleura takasagona* (Matsumura, 1917))라는 종이 기록되어 있다.

털매미속의 종들은 몸체가 짧고 넓으며, 몸 전체가 짧은 털로 덮여 있으며, 겹눈을 포함한 머리의 너비가 가운데가슴등 기부와 거의 같고, 앞가슴등의 양쪽 가장자리가 판 모양으로 돌출하였고, 진동막덮개가 진동막을 가리며, 배딱지가 짧고 넓어 두 개가 약간 겹치며, 앞날개에 얼룩무늬가 있고, 앞날개 바깥가장자리가 밖으로 휘어져 있는 특징을 지닌다.

국내분포 및 생태   털매미는 부속 도서를 포함한 한반도 각지에 넓게 분포되어 있으며, 6월 초나 중순 무렵 성충이 출현하여 9월 중순까지 울음소리를 들을 수 있다. 평지에서 해발 700~800m에 이르기까지 서식한다. 벚나무, 참나무류, 소나무, 당버들, 느티나무 등에 잘 앉으며, 지상에서 5m까지의 낮은 곳에 앉는 것이 보통이다.

털매미는 다른 종에 비해 환경의 지배를 덜 받아서, 날씨가 좋지 않아도

울릉도산 (경북 울릉도, 1997.7.29)
앞날개의 진회색 무늬의 크기가 커서 앞날개의 바깥쪽 반만 볼 때 투명한 부분이 더 적다. 앞가슴등 양측 가장자리가 둥글게 팽창되어 있다. 울릉도산 표본은 한 개체만 관찰하였기 때문에 단정적으로 말할 수는 없지만, 둥글게 생긴 앞가슴등 양측 가장자리 등 특유한 형질을 찾아낼 수 있었다. 또한 앞날개의 진회색 무늬는 축소되지 않았지만, 육지산이나 제주도산에서 볼 수 있는 진회색 무늬 가운데의 둥근 투명 점은 존재하지 않는다.

제주도산 (제주시 오라동, 1998.7.31)
앞날개의 진회색 무늬의 크기가 작아서 앞날개의 바깥쪽 반만 볼 때 투명한 부분이 더 넓다. 앞가슴등 양측 가장자리가 약 120°로 각이 진 세모꼴로 팽창되어 있다. 앞날개의 진회색 무늬가 훨씬 축소된 것을 제외하고는 외형적으로 육지산과 가깝다.

끈질기게 울어대고, 새벽부터 울기 시작하여 해가 져서 어둑어둑해진 후까지도 울어대는 전천후 솔리스트이다.

    털매미의 울음소리가 들리는 곳으로 가까이 가도 어디에 붙어서 우는지 찾아내는 것은 그리 쉬운 일이 아니다. 왜냐하면 몸이 보호색으로 위장되었을 뿐 아니라 소리마저 엉뚱한 곳에서 나는 것 같아, 나중에 털매미를 찾아낸 곳은 처음 짐작했던 곳과는 동떨어진 경우가 허다하기 때문이다.

육지산 (경기 고양시, 2003.6.10)
앞날개의 진회색 무늬의 크기가 커서 앞날개의 바깥쪽 반만 볼 때 투명한 부분이 더 적다. 앞가슴등 양측 가장자리가 약 120°로 각이 진 세모꼴로 팽창되어 있다.

가거도산 (전남 가거도, 1974.7.9)
앞날개의 진회색 무늬의 크기가 작아서
앞날개의 바깥쪽 반만 볼 때 투명한 부분이
더 넓다. 앞가슴등 양측 가장자리가 다소 둥글게 팽창되어 있다. 개체변이가 있기는 하지만, 많은 개체가 앞날개 중간쯤 커다란 진회색 무늬 가운데에 둥근 투명 점이 없는 경우가 많다. 또 한 가지 특이한 점은 가거도에서 채집된 모든 수깃 표본은 제3, 4, 5, 6 배마디가 극히 짧아 배가 전체적으로 매우 짧다는 점이다.

수컷의 울음소리로 만난 털매미 한 쌍

일본에서의 사육 기록에 의하면, 애벌레는 산란된 해에 부화하여 땅속으로 들어가 4~5년을 보낸다고 하는데, 한국산도 이와 비슷할 것으로 추측된다.

울음소리 울음소리는 "찌 찌 찌……"로 시작되어 템포가 점점 빨라지다가 드디어 "찌────" 또는 "쓰────"로 들리는 연속음으로 바뀌어 15초가량 이어지면서 점점 음높이가 낮아지다가 한 순간 조금 더 높은 연속음으로 바뀌고 계속 이어진다. 고음(高音)으로 이어지던 소리는 음 높이를 완만하게 내리면서 톤이 조금씩 바뀌다가 다시 한 순간 고음으로 바뀌는 것을 되풀이한다. 이러한 울음은 수 분에서 수십 분을 넘어 계속되는 경우가 많으며, 울음을 끝낼 때에는 "찌 찌 찌……." 하며 끝낸다.

Biological notes This species is widely distributed throughout the Korean Peninsula and most of the adjacent islands and occurs in lowlands as well as mountainous areas up to 700-800 m in altitude. Adults appear from early or mid-June to mid-September. They sit mainly on the branches and trunks, usually lower than 5 m high, of cherry trees (*Prunus* spp.), poplars (*Populus* spp.), zelkova trees (*Zelkova serrata*), ginkgo trees (*Ginkgo biloba*), etc. Their chirping is hardly affected by weather conditions, and often starts at dawn and lasts until after sunset.

Male chirping The chirping has a somewhat sharp, metallic tone. After an introductory sound of "chi chi chi…", a call begins with a continuous "ssee────"

sound that gradually lowers in pitch for about 15 sec. to suddenly jumps, without interruption, to another "ssee———" sound in a much higher pitch. This tone of higher pitch continues for 10~25 sec., and then the pitch lowers for another 15 sec. The lower sound again jumps to a higher pitch, almost at the same level as the previous higher tone. The cycle is repeated for up to several tens of minutes, under favorable conditions, to finish with or without a concluding "chi, chi, chi,······" tone.

Distribution   Korea (incl. Isls. Ulleungdo, Hongdo, Gageodo, Jejudo); China, Japan, Taiwan, Malaysia.

나무줄기에 앉은 털매미(경기도 고양시 원당, 1996.6.18)

가을의 독창자
늦털매미

학명 *Suisha coreana* (Matsumura, 1927)

최초 기록지 및 국외 분포 최초 기록지는 한국의 태릉이며, 한국을 비롯하여 중국 및 일본의 쓰시마(對馬島)에 분포한다. 필자는 중국 상하이(上海)에서 내륙 지방으로 이동한 일이 있는데, 상하이에서 4~5시간을 버스로 달려간 완터우(灣頭) 부근부터 이정(儀征)까지 가로수에서 나는 수많은 늦털매미의 울음소리를 들었고, 수컷 한 마리를 확인한 일이 있다.

이름의 유래 털매미와 모습이 비슷하지만, 털매미 등 일반적인 매미보다 늦은 계절에 출현한다고 해서 조복성(Cho, 1946)에 의해 '늦털매미'란 이름이 붙여졌다.

생김새 크기나 무늬는 털매미와 비슷하지만 모양이 달라, 몸이 둥그렇고 두꺼운 녀석이다. 몸길이는 암수 모두 23mm 내외, 날개 끝까지의 길이는 39mm 내외이다. 몸은 털매미에 비해 훨씬 더 두껍고 둥근 형태이며, 몸의 털이 더 길고 밀도가 높으며, 가운데가슴등의 녹색 무늬가 더 가늘다. 가끔 몸의 무늬가 녹색 대신 주황색인 개체가 잡히는 경우도 있다. 배의 배쪽면은 갈색 바탕이며, 긴 털로 덮여 있다. 앞날개에는 갈색의 구름 무늬가 얼룩져 있고, 뒷날개의 바깥 가장자리는 투명하나, 털매미와 달리 날개 기부 중앙이 오렌지색에 가깝고 그 바깥쪽은 짙은 갈색이다. 늦털매미의 탈피각은 털매미와 마찬가지로 겹눈을 제외한 온몸에 진흙을 뒤집어쓰고 있다.

국내분포 및 생태 여름이 지나면 대부분의 사람들은 이제 매미의 계절은 다 지나갔다고 생각한다. 그러나 그 예상은 늦털매미 때문에 빗나가고 만다. 한반도 중부지방의 경우 성충은 8월 말에 출현하여 11월 초순까지 생존한다. 남부로 갈수록 출현 시기와 소

늦털매미 암컷(경기도 고양시 정발산, 1996.9.21)

멸 시기가 늦어진다. 일본 쓰시마의 늦털매미는 10월 중순에서 11월 말까지 보인다.

한반도 각지에 넓게 분포되어 있고 개체수도 많다. 아침 일찍 나무에 잔뜩 붙어 있는 늦털매미를 보는 경우도 있다. 해발 1,000m 이상의 높은 곳까지 올라오는 일도 있지만, 주로 평지나 저산지에 서식한다. 능수버들, 참나무류, 버즘나무류 등을 선호하지만 소나무에 앉기도 한다. 나무의 높은 곳과 낮은 곳을 가리지 않으며, 인가 근처에서는 인공 구조물에 앉아서 울기

늦털매미속 늦털매미속(*Suisha* Kato, 1928)에 속한 종은 세계적으로 단 두 종에 불과한데, 하나는 늦털매미이고, 다른 하나는 대만 및 중국 저장(浙江)성, 안후이(安徽)성 등지에 서식하는 모식종 대만늦털매미(신칭) (*Suisha formosana* (Kato, 1927))이다. 이 두 종은 다른 매미와 달리 여름이 지난 후 서늘한 계절을 택하여 출현한다. 한국의 늦털매미는 8월 말부터 11월 초순까지, 대만늦털매미는 12월부터 4월까지 볼 수 있다. 이 두 종은 모두 몸체가 짧고 넓은 동시에 매우 두꺼워 등쪽으로 볼록하며, 몸 전체가 긴 털로 덮여 있으며, 겹눈을 포함한 머리의 너비가 가운데가슴 등 기부와 거의 같거나 약간 넓고, 겹눈은 돌출되지 않았으며, 앞가슴등의 양쪽 가장자리가 판 모양으로 팽창되었고, 진동막덮개가 진동막을 완전히 가리며, 배딱지가 짧고 넓어 두 개가 서로 약간 겹치며, 앞날개에 얼룩무늬가 있고, 앞날개 앞가장자리 기부가 발달되어 있고, 바깥가장자리가 직선이다.

도 한다. 그다지 인기척에 민감하지 않은 경향이 있다. 맑은 날 오전에 가장 많이 울지만, 날씨가 흐려도 울음을 잘 그치지 않으며, 출현한 지 얼마 안된 9월 중에는 해가 지고 둘레가 컴컴해질 때까지 계속 우는 경향이 있다. 나뭇가지에 산란된 알은 이듬해 6월경 부화하여 애벌레가 된다.

울음소리 울음소리는 털매미처럼 높고 가는 음색이지만, 평탄한 연속음이 아닌 단절음의 반복이다. 날카로운 금속성 소리가 "씨—익" 하면서 시작되어 재빨리 커진 후 1초에 2~3회 정도의 템포로 짧게 "씩 씩 씩 씩……." 하다가 다시 2~4초의 길이로 길게 "씨—익" 한 후에 또다시 "씩 씩 씩 씩……." 하는 것을 계속 되풀이한다. 짧은 "씩" 소리는 한 번의 긴 "씨—익" 소리 후 15~40회 정도 이어진다. 이런 식으로 늦털매미의 울음은 수십 분 이상 계속된다.

Biological notes This species is widely distributed throughout the Korean Peninsula except for the northern mountainous areas but is not recorded from the adjacent islands. It occurs mainly in lowlands but sometimes in mountainous

늦털매미 수컷의 등쪽과 배쪽 (광릉, 2003. 9. 4)

areas up to about 1,000 m in altitude. In central Korea, adults appear from late August to early November. Adults sit mainly on the low and high branches and trunks of oak trees (*Quercus* spp.), chestnut trees (*Castanea crenata*), weeping willows (*Salix pseudolasiogyne*), pine trees (*Pinus densiflora*), etc. Males sometimes sing on artificial structures like utility poles, etc. Chirping often continues for most of the day but culminates in the sunny morning. The chirping is not greatly affected by cloudy weather. Dusk is also a favored time for singing, especially in the first few weeks of the season, so in September singing tends to continue after sunset. Males often sing at night if sufficient electric light is provided.

Male chirping   The tone color is similar to that of *Platypleura kaempferi*, but the song is fragmented into a regular succession of short "seek" sounds. A call begins with a sharp, metallic and crescendo "ssee———k" tone of 2-4 sec. duration, followed by 15-40 pieces of "seek" sounds repeated at a rate of 2-3 per second. A whole chirping is like "Ssee———k seek seek seek…… ssee———k seek seek seek…… ssee———k seek seek seek……". A chirping lasts normally for several tens of minutes in normal conditions.

Distribution   Korea; China, Japan (Tsushima Is.).

늦털매미 수컷의 등쪽
(고양시 정발산, 1998.9.12)

진흙을 뒤집어쓴 늦털매미의 탈피각(경기도 남양주시 진건면, 1994.9.21)

점잖은 산 멋쟁이
참깽깽매미

학명 *Tibicen intermedius* Mori, 1931

최초 기록지 및 국외 분포 참깽깽매미의 최초 기록지는 한국의 속리산과 가야산이며, 중국에도 동북지방을 중심으로 분포한다.

이름의 유래 조복성(Cho, 1937, 1971)에 의하면 '깽깽매미'란 이름은 울음소리가 "깨앵 깨앵" 하는 '얻어맞은 개의 비명'을 닮았기 때문에 붙여졌다고 하지만, 실제 울음소리와는 거리가 있다. '참깽깽매미'란 이름은 '우리나라의 깽깽매미'라는 뜻이다.

생김새 몸길이는 수컷이 38mm 내외, 암컷이 36mm 내외이고, 날개 끝까지의 길이는 암수 모두 55mm 내외이다. 몸 등쪽면은 검정 바탕이며, 앞가슴등 안쪽의 갈색 무늬, 앞가슴등의 중앙과 바깥 테두리의 노랑 무늬, 가운데가슴등에 있는 커다란 노랑색 W자 모양 무늬, 그리고 X자 융기의 노란 무늬는 날개 기부의 연두색과 어우러져 화려한 자태를 보여 준다. 배의 등쪽면에는 선명한 흰색 무늬가 세로로 두 줄이 나 있다. 몸 배쪽면의 대부분은 황갈색 바탕이며 흰 가루로 덮여 있다. 배딱지는 짧아 배 배쪽면의 기부를 넘지 않는다. 날개는 투명하다.

참깽깽매미의 건조 표본은 날개맥 따위의 녹색이 누런 색으로 바뀌면서 전체적으로 변색되는 것이 보통이며, 기름이 몸에서 배어 나와 몸이 온통 젖어 버리는 것도 볼 수 있다.

국내분포 및 생태

땅 위의 마른 나뭇가지 위를 기어가는 참깽깽매미 수컷
(강원도 진부령, 1997. 8. 16)

참깽깽매미는 전국의 고지에 국지적으로 분포한다. 강원도와 그 이북 지방에서는 거의 전역에 분포되어 있고 개체수도 많으나, 경기도 이남 지방에서는 평지에서 거의 볼 수 없고, 500m 이상 되는 고지에 올라가야 울음소리를 들을 수 있다. 예를 들어 경기도 천마산의 정상을 올라가는 산길 주변의 참나무 숲에서 가끔 울음소리를 들을 수 있고, 정상의 나무에 앉아 우는 것을 관찰하는 경우도 있지만, 개체수는 매우 적은 편이다.

성충은 7월 초순에 출현하여 9월 중순 무렵까지 볼 수 있으며, 수목이

깽깽매미속 깽깽매미속(*Tibicen* Latreille, 1825)의 종들은 구북구(舊北區)와 신북구(新北區)에 널리 분포하지만, 대만 및 중국 남부 등 일부 동양구(東洋區)로 진출한 종도 있다. 하지만 이런 종들도 기온이 비교적 낮은 산지(山地)에서 볼 수 있다. 전 세계에 약 60종이 알려져 있으며, 모식종은 유럽산 민무늬깽깽매미(신칭)(*Tibicen plebejus* (Scopoli, 1763))이다. 한국에서는 참깽깽매미, 깽깽매미, 좀깽깽매미(*T. bihamatus* (Motschulsky, 1861)), 산깽깽매미(*T. flammatus* (Distant, 1892)) 등 4종이 기록된 바 있으나, 좀깽깽매미와 산깽깽매미의 기록은 모두 참깽깽매미의 오동정이다. 또한 깽깽매미는 1931년 일본 학자 모리(Mori, 1931)에 의해 단 한 차례 기록된 이후 채집되지 않고 있어 그 존재 여부가 의문스럽다.

깽깽매미속의 종들은 겹눈을 포함한 머리의 너비가 가운데가슴등 기부보다 넓고, 겹눈이 양 옆으로 돌출하였으며, 앞가슴등의 양쪽 가장자리가 약간 확장되어 구불구불하나 이빨 모양을 이루지는 않으며, 배는 원추형이고, 진동막덮개가 진동막을 완전히 덮었고, 배딱지가 대개 세로로 길고 끝이 둥근 편으로 두 개가 약간 겹쳐 있으며, 앞날개가 대부분 투명하다.

울창한 깊은 산 속이나 능선의 키 큰 소나무류, 참나무류 등을 선호한다. 무더위가 지나고 아침저녁으로 선선한 바람이 부는 9월에 들어서면 산 위에 있던 성충들이 아래쪽으로 이동하여 때때로 기슭까지도 진출해서 우는 개체를 발견하는 경우도 있다. 성충은 큰 줄기에 머리를 하늘로 향하고 앉아 있는 것도 있으나, 나무 꼭대기 근처의 잔가지에 등을 땅으로 향한 채 붙어 있는 경우도 많다.

울음소리를 향해 다가가면 울음을 멈추는 경우가 많다. 그러나 한 자리에서 쉽게 떠나지 않는 성질이 있어, 웬만한 위협에는 자리를 잘 뜨지 않고, 나무의 큰 줄기 방향으로 가지를 타고 기어 내려오면서 크고 짧게 "뜨르르르…륵, 뜨르르르…륵……." 하는 경고음을 내고 말 뿐이다. 내려오는 머리 쪽에 포충망을 갖다 대면 참깽깽매미는 포충망 입구까지 기어와 포충망 안쪽에 붙는 경우도 있다. 참깽깽매미는 놀라면 비명을 지르면서 날갯짓을 제대로 하지 못하고 푸드득거리며 땅으로 떨어지는 경우가 많다.

구름이 끼어 주위가 어두우면 울지 않고, 해가 나야 울음을 시작한다. 맑은 날 아침에는 9시경부터 울기 시작한다.

아침의 첫 울음은 낮은 곳에서 시작하는 경우가 많다. 땅바닥에 잘라 포개 놓은 마른 나뭇가지 무더기 위에서 우는 것을 본 일도 있고, 땅바닥에 앉아서 우는 것을 보았다. 아마도 밤에 불빛에 유인되어 밤 사이 낮은 곳으로 이동하였기 때문일 것이다.

참깽깽매미의 탈피(오대산)

참깽깽매미 수컷의 등쪽과 배쪽
(강원도 홍천군 내면, 2000.8.7)

참깽깽매미 수컷 두 마리의 등쪽
(경기도 연천군 고대산, 2003.8.15)

참깽깽매미 암컷의 등쪽과 배쪽
(강원도 계방산, 1986.8.15)

울음소리 울음소리는 일정하게 높낮이 없이 계속되는 "뜨르르르————" 하는 연속음으로, 소리가 그리 크지 않지만 멀리까지 퍼진다. 변화가 없이 그저 단조로운 소리로, 마치 기계음이나 고장난 형광등에서 나는 소리 같다. 울음을 시작할 때에는 소리를 약하게 내는 잠시 동안의 튜닝 시간을 거쳐 최대 음량의 소리로 전환한다.

Biological notes This species is locally distributed throughout the Korean Peninsula but has not been recorded from the adjacent islands. It often occurs in mountainous areas of 500-1,500 m in altitude in most part of S. Korea, but also in lowlands above 400 m in Gangwon-do province and N. Korea. Adults appear from early July to mid-September. They prefer tall pine trees (*Pinus densiflora*), oak trees (*Quercus* spp.), etc. and sit mainly on the underside of tiny twigs near the top of the tree, with their dorsa toward the ground, but sometimes on trunks or branches with their heads toward the sky. Singing males are so sensitive to approaching humans that it is difficult to get close to them before they stop singing. However, they do not readily fly away from the tree they are sitting on, and in most cases, will not leave the tree even if they are shaken or stones are thrown toward them. When threatened by approaching humans, they hide behind branches, walking down through the branches and producing short menacing sounds like "ddrrrrrrr·····k" "ddrrrrrrr·····k", which seem louder than normal calls. Singing usually occurs in full sunshine and starts from about 0900h in the morning. It is often observed that, as soon as the sun comes out from a cloud, males immediately start to sing, one after another.

Male chirping The continuous gentle call of "ddrrrrrr————" with no fluctuation can be easily heard at a distance. The tone sounds like a noise from a broken fluorescent lamp. A chirping lasts for up to several tens of minutes in normal conditions.

Distribution Korea; China.

Q&A. 매미박사에게 물어봐요 I

Q1. 파브르의 곤충기를 보면, '울고 있는 매미 바로 옆에서 대포를 쏘아도 울음을 멈추지 않기 때문에 매미는 소리를 들을 수 없다. 그러므로 수컷이 우는 이유는 암컷을 유혹하기 위한 것이 아니다.'라고 되어 있는데, 어찌된 영문인가?

매미가 대포소리에 반응하지 않았던 것은 대포소리의 주파수대가 그 매미의 가청 범위 안에 있지 않았기 때문이다. 그러나 매미도 엄연히 청각기관이 있고 같은 종류의 울음소리 등을 잘 들을 수 있다. 매미의 청각기관(tympanum)은 배 아랫면 기부 양쪽에 있으며, 배딱지로 가려져 있다.

Q2. 매미충 중에는 애매미충, 말매미충 등 매미의 이름과 비슷한 것이 있는데, 매미충과 매미는 어떤 관계에 있나? 매미충도 매미인가? 말매미충과 말매미는 어떤 관계이기에 비슷한 이름을 가지고 있나?

노린재목의 매미아목에는 거품벌레상과(Cercopoidea), 뿔매미상과(Membracoidea), 매미충상과(Cicadelloidea), 꽃매미상과(Fulgoroidea), 매미상과(Cicadoidea) 등 여러 개의 상과(superfamily)가 포함되어 있다.

일반적으로 '매미충'이란 말은 매미충상과에 속하는 종을 포괄적으로 부르는 이름이다. 말매미충(*Cicadella viridis*)은 매미충상과 매미충과(Cicadellidae)의 말매미충아과(Cicadellinae)에 속하는 한 종이며, '애매미충'이라 함은 매미충상과 매미충과의 애매미충아과(Typhlocybinae)에 속하는 종을 통칭하는 것이다('애매미충'이란 종은 없으며, '둥글애매미충' 등처럼 '애매미충'이란 말이 항상 종명 뒷부분에 붙어 있음).

말매미나 애매미는 매미충상과가 아닌 매미상과에 속하는 종으로 말매미충이나 애매미충과는 상과가 다른 별개의 종들로, 이름이 우연히 비슷할 뿐이다. 매미충은 매미충(Cicadelloidea)이지 매미(Cicadoidea)는 아니다. '매미충'은 울음소리도 낼 수 없는, '매미'와는 다른 존재이다.

Q3. 매미 성충을 길러보고 싶은데, 어떻게 하면 되나?

매미는 나무줄기나 가지의 표면에 침같이 생긴 뾰족한 입을 꽂고 체관부의 수액을 빨아먹는다. 화분에 심어진 나무나 정원수의 일부에 적당한 크기의 그물을 씌워 그 속에 매미를 놓고 직사광선을 쐬지 않도록 한다면 며칠은 살 수 있겠지만, 자연 상태가 아닌 제한된 공간에서 매미는 과도한 스트레스를 받아 그리 오래 살지 못한다.

나 한번 찾아봐
깽깽매미

학명 *Tibicen japonicus* (Kato, 1925)

일본이 최초 기록지이며, 일본에는 널리 분포하고 있는 종이나, 한국에서는 전남 백암산에서 채집되어 모리(Mori, 1931)에 의해 '*Tibicen dolichoptera*'로 신종 기재된 수컷 한 마리가 유일한 채집 기록이다.

> '이 종은 깽깽매미와 비슷하지만, 이런 점이 틀리다: 배의 등쪽면에는 반문이나 흰색 무늬의 세로 줄이 없다; 배딱지는 크고 길어서 제2 배마디를 넘는다; 앞날개는 몸길이에 비해 길고, 앞날개 가로맥 위의 반문이 제2, 제3, 제4, 제5, 제7 시단실에서 뚜렷하다; 몸의 배쪽면은 황갈색이고, 흰 가루로 덮여 있지 않다; 배딱지 전체와 진동막덮개의 바깥쪽은 노란색이다; 몸길이 42mm, 날개 편 길이 126mm.'

이 '*T. dolichoptera*'는 후에 카토(Kato, 1932a)에 의해 깽깽매미의 동종이명으로 정리되었다. 한국산 깽깽매미의 채집 기록은 모리(Mori, 1931)의 기록 하나뿐이며, 그 밖에 지금까지 각 문헌에 기록되었던 한국산 깽깽매미는 모두 참깽깽매미를 잘못 동정한 것들이다. '*T. dolichoptera*'와 비슷한 개체는 그 후 다시 채집되지 않았다.

필자는 깽깽매미를 찾기 위해 깽깽매미가 한국에서 유일하게 기록된 전남 백암산 등 남부 일대의 산을 조사해 보았으나, 이 지역에서는 깽깽매미류의 밀도가 매우 낮고 채집되는 것도 모두 깽깽매미가 아닌 참깽깽매미로, 한반도에서 깽깽매미를 발견할 확률은 거의 없는 것으로 생각된다.

깽깽매미속의 종들이 그리 넓지 않은 분포 범위를 보이는 것을 볼 때, 일본에 분포하는 깽깽매미가 한국에도 분포할 가능성은 적어 보인다. 깽깽매미가 참깽깽매미의 세력에 밀려 거의 멸종되었을 가능성도 있겠지만, 아마도 위의 기록은 라벨의 혼동으로 인한 잘못된 기록일 것이라 생각한다.

동정 포인트 깽깽매미는 참깽깽매미와 형태나 무늬가 매우 비슷하지만 크기가 훨씬 크고(42mm 내외), 길이에 비해 몸이 참깽깽매미보다 굵다. 배딱지가 길어 제2배마디를 넘어선다.

Remarks The record of *Tibicen dolichoptera* from Mt. Paegamsan made by Mori (1931) is the only recognizable record of this species from Korea. But this record seems erroneous report due to mislabeling.

Distribution Korea (?); China (?), Japan.

깽깽매미의 수컷의 등쪽과 배쪽(일본산)

깽깽매미 암컷의 등쪽과 배쪽(일본산)

정열의 거인 군단
말매미

학명 *Cryptotympana atrata* (Fabricius, 1775)

최초 기록지 및 국외 분포 말매미의 최초 기록지는 중국이며, 한국을 비롯하여 중국, 대만, 인도차이나 북부 등지에 분포한다. 최근에는 일본에서도 발견되었다.

한국 최초 기록 카토(Kato, 1925)에 의해 '*Cryptotympana coreanus*'가 신종 기재된 것이 한국 최초 기록이다.

이름의 유래 모리(Kato, 1931)에 따르면 말매미의 다른 이름인 '말매암이'는 '馬(말)+蟬(매미)'란 뜻인데, 왜 이 매미가 동물 '말'과 관련이 되는지는 알 수 없다. 그보다는 '말'은 국어사전에 나오는 대로 '일부 명사 앞에 붙어, 그것이 '보통 것보다 큰 것'임을 나타내는 접두사'라고 여기는 것이 옳겠다.

생김새 몸길이가 수컷은 43mm 내외, 암컷은 45mm 내외로 한국산 매미 중 가장 큰 체구를 자랑한다. 날개 끝까지의 길이는 암수 모두 65mm 내외이다. 등쪽면은 광택 나는 검정색이며 신선한 개체는 금빛 가루로 덮여 있다. 배쪽면은 검정 바탕에 배와 다리에 오렌지색 무늬가 있다. 겹눈을 포함한 머리의 폭이 넓어 배의 폭과 거의 같다. 앞다리 퇴절에는 가시처럼 생긴 돌기가 발달해서, 잡아서 손에 쥐면 앞다리를 조이면서 돌기로 사람의 손을 찌른다. 날개는 대부분 투명하나, 날개 기부는 검정색이고 날개맥은 대부분 검으나 한국산 신선한 개체의 기부는 녹색이다. (대만산은 주황색이다.)

국내 분포 및 생태 남방 계열의 종으로, 부속 도서를 포함한 한반도 전역의 평지에 분포하며, 특히 제주도에 매우 많이 발생한다. 능수버들이나 버즘나무 따위의 가로수에서 합창하는 것을 흔히 볼 수 있으며, 오동나무, 배나무, 단풍버즘나무, 아까시나무, 느티나무, 미류 등

나무줄기에 붙어 휴식을 취하는 말매미 수컷

에도 잘 앉는다. 사과나무, 감나무 등 과수의 해충이기도 하다. 고도가 높은 곳이나 깊은 산 속에는 거의 서식하지 않고 둘레가 트인 밝은 평지를 선호한다. 이런 곳에서는 서식 밀도가 높고 나무의 낮은 곳에 잘 앉으며, 가끔 수목이 울창한 산기슭에 있을 때는 햇빛이 잘 비치는 높은 나무 꼭대기 쪽에 잘 앉는다.

말매미속 말매미속(*Cryptotympana* Stål, 1861)에는 인도, 말레이반도, 중국 남부 등에 걸쳐 많은 종이 알려져 있으며, 말매미나 일본의 일본말매미(신칭)(*Cryptotympana facialis* (Walker, 1858))와 같이 극동 아시아로 북상한 종도 있다. 대만에는 말매미와 함께 대만말매미(신칭)(*Cryptotympana takasagona* (Kato, 1925)), 진날개말매미(신칭)(*Cryptotympana holsti* (Distant, 1904)) 등 3종이 분포한다. 전세계에 걸쳐 50종이 보고되어 있으며, 모식종은 말매미이다. 한국에는 말매미 외에 왕말매미(*C. aquila* (Walker, 1850))도 기록된 바 있지만(Walker, 1850) 왕말매미는 실제로는 수마트라, 보르네오, 말레이반도, 태국, 미얀마, 라오스, 베트남 등 동남아 열대 지방에 분포하는 종으로 한국산으로 기록한 것은 오류이다.

말매미속은 대형 종으로 구성되어 있으며, 몸체 윗부분이 검정 계통으로 광택이 나고, 겹눈을 포함한 머리의 너비가 가운데가슴등 기부보다 넓고, 겹눈이 양 옆으로 돌출하였으며, 앞가슴등의 양쪽 가장자리가 약간 확장되었으나 이빨 모양을 이루지는 않고, 진동막덮개가 진동막을 완전히 덮으며, 배는 원뿔형이고, 배딱지가 타원형 또는 삼각형으로 두 개가 약간 겹쳐 있으며, 앞날개는 대부분 투명하나, 몇몇 종은 무늬를 가지고 있다.

흐린 날에는 울음의 빈도가 감소하나, 가로등 같은 불빛 아래에서 한밤중에도 합창하는 것을 흔히 볼 수 있다. 한 개체가 울기 시작하면 연이어서 근처의 다른 개체들도 따라 우는 경향이 있다.

중부 이남 지방의 경우 성충은 6월 말 무렵 출현해서 7월 하순과 8월 초순에 가장 많고, 8월 중순 이후에는 최저 기온이 떨어지면서 울음소리에 맥이 빠지게 되며 개체수가 현저히 감소한다. 그러나 9월 하순까지도 울음소리는 미약하나마 끊어지지 않으며, 이따금 10월 초까지 명맥을 유지하는 개체도 있다.

카토와 수가누마(Kato and Suganuma, 1931)는 대구산 말매미의 애벌레는 땅속에서 6년간 생활한 후 대부분 해가 진 후 땅 위로 나와 밤 9시쯤 탈피한다고 하였다. 이의순(Lee, 1961, 1963a,b)에 의하면 암컷 말매미는 주로 1~2년생 가지에 산란하는데, 이듬해 6월 하순~7월 중순 부화한 애벌레는 땅속에 들어가 지하 10~100cm에서 나무뿌리의 즙을 빨아먹으면서 5령기를 거치며 애벌레로 7~8년을 보낸다고 한다. 또한 종령 애벌레의 지상탈출은 오후 6시에서 12시 사이에 일어나고, 그 중 8~10시 사이에 많이 탈출한다고 한다.

울음소리 울음소리는 20여 초 동안 이어서 내는 "차르르르────" 또는 "쐐애────" 하는 큰 소리로, 합창할 때는 마치 폭포수와도 같은 소리가 된다.

Biological notes This species is widely distributed in lowlands throughout the Korean Peninsula and many adjacent islands; its occurrence is remarkably abundant on Jeju-do. Adults appear from late June to early October. They sit mainly on the branches and trunks of weeping willows (*Salix pseudolasiogyne*), plane trees (*Platanus* spp.), paulownias (*Paulownia coreana*), acacias (*Robinia* *pseudoacasia*), zelkova trees (*Zelkova serrata*), pear trees (*Pyrus ussuriensis*), apple trees (*Malus pumila*), persimmon trees (*Diospyros kaki*), etc. This species is recognized as a pest to apple and persimmon trees. Adults favor bright surroundings, where the population density is high and usually sit on low branches or trunks. On the other hand, the population density is very low in dark deep forests, and a small number of adults usually sit on high branches where sufficient sunlight is available. The chirping is less active in cloudy weather. Males often sing in chorus at night if sufficient electric light is provided.

말매미 수컷의 등쪽과 배쪽
(제주시 아라동, 1998.8.1)

말매미 암컷의 등쪽
(굴업도, 2003. 7. 31)

탈피에 실패하여 몸이 빠져 나오지
못하는 말매미
(서울 잠실, 1994. 7. 18)

말매미의 탈피각
(서울 잠실, 1994. 7. 18)

Male chirping A call is a continuous, high and harsh tone of "chrrrrrrr——" starting with a rather weak sound but immediately getting louder to reach climax and then getting weaker and fading away. The chorus sounds like a noise from a big waterfall. A call lasts for about 20 sec. in normal conditions.

Distribution Korea (incl. Jejudo Is.); China (incl. Hainan), Taiwan, Japan (Honshu), Indo-China (northern part).

말매미가 밤중에도 우는 이유는?

매미는 원래 밤에 울지 않고 휴식을 취한다. 그런데 왜 대도시 아파트촌 주위에는 밤에도 매미가 울어 주민들을 잠 못 이루게 하는 걸까?

우선 주위가 전등불에 의해 환해지면서 밝은 조도가 울음소리를 유도했다고 볼 수 있다. 매미는 종에 따라 울음소리를 내는 조도의 범위가 다르다. 참깽깽매미나 풀매미 등과 같이 해가 나는 밝은 날에만 주로 우는 종도 있지만, 일본, 대만, 중국 등에 분포하는 저녁매미속의 종들과 같이 비교적 어두운 환경을 선호하여 황혼녘이나 흐린 날에 잘 우는 종도 있다.

털매미, 말매미, 쓰름매미, 애매미는 맑은 날에도 울음소리를 내지만 비교적 조도가 낮은 흐린 날에도 울음을 계속한다. 이것은 울음의 조건인 조도의 범위가 다른 종에 비해 넓다는 뜻이며, 한밤중 불빛 아래의 조도도 그 조도 범위에 들어간다는 뜻이 된다.

이 책의 '매미의 울음소리' 부분(30쪽)에서 밝힌 것처럼, 주위 대기의 온도와 상관관계가 있는 체온도 중요한 요인이다.

8월에 밤낮으로 기승을 부리던 말매미의 울음소리는 9월에 접어들어 밤 기온이 뚝 떨어지면서 밤에는 잠잠해지는 경우가 많아진다. 말매미가 울음소리를 내는 체온 범위를 아직 실측한 바는 없지만, 낮아진 9월의 밤 기온은 그 범위를 벗어난다는 것을 쉽게 짐작할 수 있다. 열대야가 기승을 부리는 한여름이면 한밤에도 말매미가 울음소리를 낼 수 있는 범위에 들어간다고 추정할 수 있다.

소음의 주범인 말매미가 번성하게 된 이유는?

한국에 사는 매미 중에는 말매미의 울음소리가 가장 크기 때문에 몇 마리만 울어도 소음 공해가 될 수 있다.

물론 어느 도시든지 말매미뿐 아니라 다른 매미도 다수 서식하고 있다. 서울에는 털매미, 참매미, 애매미, 쓰름매미 등도 많다. 시골 또한 매미 대발생 지역이다. 여름에 한적한 교외로 나가보면 여러 종의 매미가 대규모 합창을 하는 것을 쉽게 접할 수 있다. 그런데 유독 말매미는 서울의 강남 아파트 단지나 올림픽대로 주변, 여의도 등 대도시 인구밀집 지역에 널리 자리 잡고 있다. 왜 하필이면 말매미가 이러한 지역에 번성하게 되었을까?

첫째, 아파트 공사나 개발로 파헤쳐진 후 다른 종의 매미가 번성하기 전에 말매미가 이 지역을 선점하여 개체수를 급속히 불린 것으로 보인다. 개발 전에는 여러 종의 매미가 공존할 수 있는 환경이었을 그 지역에 개발 후 말매미에게 비교적 적합한 환경으로 바뀜으로 인해 우점종이 말매미로 대체되어 온 것으로 생각된다.

서울의 여러 지역 중에서도 대규모 아파트 단지가 아닌 삼각산, 남산 등 예부터 숲이 발달한 곳과 그 인접 지역인 중구, 종로구 등지에는 아직도 참매미가 번성하고 있다는 것을 그 증거로 들 수 있다. 또한 창경궁 등 고목이 많은 곳에서는 쓰름매미가 번성하고 있다.

둘째, 말매미는 한국, 중국, 대만, 동남아시아 등에 걸쳐 광대한 분포 범위를 보이는, 생존력과 번식력이 매우 강한 종이다. 말매미가 어느 한 지역을 점령하고 나면 생태적 지위가 비슷한 다른 종이 그곳으로 비집고 들어와 말매미와 경쟁하기에는 힘이 부쳤을 것으로 생각된다.

셋째, 말매미가 넓게 분포한다는 것은 기주의 범위가 또한 넓다는 것을 말해준다. 말매미는 비교적 광범위한 생태적 지위를 지닌 종으로, 기주의 종류를 크게 가리지 않기 때문에 번식에 있어서 다른 종과의 경쟁에서 유리하다.

넷째, 말매미는 더운 곳을 좋아하는 남방 계열의 종이므로, 말매미의 번성은 최근의 지구 온난화 현상과도 무관하지 않을 것이다.

Q&A. 매미박사에게 물어봐요 2

Q1. 깽깽매미속의 좀깽깽매미, 산깽깽매미라는 매미가 우리나라에 있다고 하던데…

좀깽깽매미는 이선함이란 사람이 함경북도 나남에서 채집한 수컷 2마리와 암컷 1마리를 일본의 키시다(Kishida, 1929a)가 'Cicada bihamata'로 발표한 것이 한국 최초이자 유일한 채집 기록이며 이후 한국산 좀깽깽매미가 채집되었다는 보고는 없다. 이후의 한국산 좀깽깽매미의 기록은 키시다의 기록을 인용한 것이거나 잘못 동정한 것이며 카토(Kato, 1937a, 1938a)는 키시다의 기록에 대해 참깽깽매미를 혼동한 것으로 보인다고 한 바 있다.

좀깽깽매미는 사할린, 쿠릴열도와 일본에만 분포하며, 중국에도 기록이 없다. 이 매미는 일본에 서식하는 깽깽매미, 산깽깽매미와는 다르게 몸통이 좁고 긴 형태를 가진 종으로 몸체 모양이 참깽깽매미와 유사하다. 당시로서는 참깽깽매미가 발견되기 전이었기 때문에 키시다가 이를 좀깽깽매미로 동정한 것으로 보인다.

한국산 산깽깽매미의 기록은, 모리(Mori, 1931)가 전라남도 무등산에서 채집된 표본을 산깽깽매미로 동정하여 발표한 것이 처음이나, 이 종 또한 한국에는 서식하지 않는 종으로 잘못 동정한 결과로 생긴 기록이다. 이후 한국산 산깽깽매미의 다른 기록들(cf. Cho, 1971; Park and Cho, 1986; Kim and Park, 1991)은 모리의 기록을 인용하거나 잘못 동정한 것들이다.

참깽깽매미는 배딱지의 길이가 산깽깽매미와 비슷하며, 개체에 따라 산깽깽매미처럼 앞날개 제2, 제3시단실에만 검은 무늬가 존재하는 것이 있는데, 이러한 개체를 산깽깽매미로 잘못 동정하는 경우가 있다. 산깽깽매미는 참깽깽매미보다 체구가 훨씬 크고 통통하며, 앞가슴등과 가운데가슴등 가운데의 무늬가 붉은 빛을 띠고 있으며, 또한 앞날개 제2, 제3시단실의 검은 반점의 바깥쪽이 흐리게 번지는 듯하다는 점 등이 다르다.

깽깽매미속은 분포 범위가 매우 좁은 종들이며, 깽깽매미속의 종이 일본과 한국에 걸쳐서 분포할 가능성은 희박하다. 깽깽매미도 한국 내의 서식 여부가 불분명한 상태이기 때문에 실질적으로 한반도에는 깽깽매미속의 종으로는 참깽깽매미 한 종만이 서식한다고 할 수 있다.

날개가 기형이어서 날지 못하는 말매미 수컷
(서울 잠실, 1994. 7. 18)

기름에 절었나
유지매미

학명 *Graptopsaltria nigrofuscata* (Motschulsky, 1866)

최초 기록지 및 국외 분포 유지매미의 최초 기록지는 일본이며, 한국과 중국에도 분포한다.

한국 최초 기록 일본인 이치카와(Ichikawa, 1906)가 제주도의 곤충 목록에 유지매미를 포함시킨 것이 한국 최초 기록이다.

이름의 유래 모리(Mori, 1931)가 붙인 '기름매암이'라는 이름이 최초의 한국명이며, 조복성(Cho, 1937)에 의하면 그 유래는 울음소리가 기름 끓는 소리와 비슷하기 때문이라고 한다. 그 후 조복성(Cho, 1946)은 '유지매미'란 이름으로 바꾸었는데, 그것은 날개가 유지(油紙), 즉 기름종이를 연상시켰기 때문이라고 짐작된다. 최초의 이름인 '기름매미'를 종명으로 사용하는 것이 바람직하다고 생각되나, '유지매미'가 훨씬 더 보편적으로 사용되고 있기 때문에 이 책에서도 '유지매미'를 사용한다. 북한에서는 '기름매미'로 부르고 있다.

생김새 몸길이는 암수 모두 36mm 내외이고, 날개 끝까지의 길이는 55mm 내외이다. 몸통 등쪽면은 대부분 검정색이다. 앞가슴등 안쪽에는 갈색 무늬가 있고 가운데가슴등의 뒷가장자리와 배 부분에는 흰 무늬가 있다. 몸 배쪽면은 갈색 바탕에 흰 가루가 덮여 있다. 앞뒤 날개는 불투명하여 갈색 바탕에 검정 무늬가 산재되어 있다. 날개맥은 연두색을 띠고 있다.

국내분포 및 생태 성충은 7월 초순부터 9월 중순까지 출현하며, 부속 도서를 포함한 한반도 각지의 평지와 낮은 산지(山地)에 서식한다. 소나무류와 참나무류를 선호한다. 울창한 숲 속을 좋아하며, 무더운 한낮에는 흔히 나무의 낮은 곳에 꼼짝 않고 앉아 있기도 한다. 서식 밀도가 높은 곳도 있으나, 대체로 개체수가 그리 많지 않다. 저녁 무렵에 활동이 활발해져서, 한두 곡을 노래하고 나면 날아가고 또 한두 곡을 마치면 날아가고 하기를 계속하는데, 숲 근처 인가까

휴식 중인 유지매미(충주 남산, 2000.8.25)

지 날아와 지붕이나 안테나, 건물 따위에 앉아 울고 가기도 한다. 날이 완전히 저물면 대부분 울음을 그쳐서 잠깐 사이에 숲이 조용해지는데, 이따금 혼자 캄캄한 속에서 우는 놈도 있다. 짝짓기는 낮에도 이루어지지만, 해질 무렵에도 이루어진다. 일본산 유지매미의 애벌레는 산란한 이듬해 여름에 부화하여 땅속으로 들어가 3~4년을 보낸다는 조사 보고가 있다.

울음소리 울음소리는 "지글 지글 지글……" 하고 들리는 톤이 굵은 소리로, 처음엔 천천히 시작하여 점점 빨라지고 높아지고 커지다가 정점을 지나서는 천천히 낮아지면서 사라진다. 한 곡을 부르는 데 30~50초 정도 소

유지매미속 유지매미속(*Graptopsaltria* Stål, 1866)에는 모식종인 유지매미를 비롯해 일본의 아마미오시마(奄美大島), 오키나와(沖繩島) 등에 서식하는 갈색등유지매미(신칭)(*G. bimaculata* (Kato, 1925))와 중국 사천성에 서식하는 녹색등유지매미(신칭)(*G. tienta* (Karsch, 1894)) 등 3종이 기록되어 있다. 유지매미속의 종들은 겹눈을 포함한 머리의 너비가 가운데가슴등 기부보다 약간 좁고, 앞가슴등 양쪽 가장자리가 어느 정도 확장되어 구불구불하며, 진동막덮개가 진동막을 거의 덮으며, 배는 원뿔형이고, 배딱지가 넓고 짧은 둥근 모양이며, 앞, 뒷날개가 불투명하다.

요되며, 한 곡을 마친 후에는 "딱 따그르르… 딱 따그르르………." 하면서 다음 곡을 준비하거나 울음을 그친다.

Biological notes This species is widely distributed in lowlands and low mountainous areas throughout the Korean Peninsula and many adjacent islands. Adults appear from early July to mid-September. They inhabit mixed forests of coniferous and deciduous trees and sit mainly on the branches and trunks of pine trees (*Pinus densiflora*), oak trees (*Quercus* spp.), etc. Peak chirping time falls at dusk, when males are very active. At that time, they repeatedly fly away right after completing each song and are not particular about what they sit on. They also sit on house roofs, TV antennas, house walls, etc. to sing. Singing in complete darkness can be observed occasionally.

Male chirping The tone is sturdy and violent. A call begins with the sound of "daradaradaradara……" of low tempo, pitch and volume, which gradually gets higher to reach climax, then gets lower and fades away. The last part or the coda of a

유지매미 수컷의 등쪽과 배쪽(경기도 광릉, 2004. 8. 9)

call consists of the sound of "ddakddagrrrr… ddakddagrrrr……….", which either concludes a complete chirping or functions as a linkage to the next call. A song lasts for 30-50 sec. in normal conditions.

Distribution Korea (incl. Isls. Hongdo, Jejudo); China, Japan.

교미하다 풀 위로 떨어진 유지매미 암컷과 수컷(광릉, 1996.8.14)

유지매미 암컷의 등쪽(서울 수유동, 2000.8.12)/ 경기도 과천시, 1998.8.16)

우리 매미의 대표
참매미

학명 *Oncotympana fuscata* Distant, 1905

최초 기록지 및 국외 분포 참매미의 최초 기록지는 중국 북부이며, 한국을 비롯하여 중국 동북 지역과 극동 러시아에 분포한다.

한국 최초 기록 이치카와(Ichikawa, 1906)의 제주도 곤충 목록에 '*Pomponia maculaticollis*'가 포함된 것이 한국 최초 기록이다.

이름의 유래 예부터 이 매미의 울음소리를 딴 '맴이' 또는 '매미'가 같은 과의 모든 종을 통칭하는 말로 쓰여 왔으므로, 이 종이 한국 매미의 대표격이라 할 수 있다. 모리(Mori, 1931)는 '참매암이'란 이름을 처음 사용하였으며, 그 후에 '맴이'(Cho, 1937) 또는 '매미' (Cho, 1946)라는 이름이 함께 사용되기도 했다.

생김새 몸길이는 암수 모두 35mm 내외이며 날개 끝까지의 길이는 59mm 내외이다. 몸이 두껍고 둥글고 짧은 편이며, 몸 등쪽면은 검정 바탕에 녹색, 황색, 흰색의 무늬가 어울려 있다. 배 등쪽면에는 좌우 양 측면에 녹색과 흰색이 어우러진 커다란 무늬가 있다. 몸 배쪽면은 대부분 엷은 쑥색이다. 수컷의 배딱지는 둥그렇고, 가로로 넓으며, 볼록하고, 서로 겹쳐 있으며, 길이는 제2배마디의 기부에 달한다. 날개는 투명하나, 엷은 갈색 막으로 되어 있다.

참매미의 가운데가슴등에 난 점 무늬는 개체변이가 심하다. 녹색 점무늬가 거의 없는 개체도 간혹 발견되고, 무늬가 매우 발달한 것도 가끔 잡힌다.

고대산 등 경기도 북부지역의 참매미는 가운데가슴등에 있는 무늬의 녹색이 강하며, 녹색 무늬의 크기는 대부분 작고 몇 개가 소실된 개체들도 있다. 반면 인천 앞바다의 덕적군도에 속하는 소야도,

참매미 수컷(경기도 고양시 대화동, 1996.8.10)

굴업도 등지의 참매미 중에는 가운데가슴등에 녹색 무늬 대신 주황색의 무늬가 있는 개체가 많았다. 이러한 개체는 육지에서는 거의 볼 수 없다.

국내분포 및 생태 참매미는 부속 도서를 포함한 한반도 각지에 넓게 분포되어 있다. 산지보다는 평지에 많으나, 해발 1,000m가 넘는 고지까지 진출해 있다. 성충은 7월 초에서 9월 중순까지 볼 수 있다.

벚나무, 참나무류, 아까시나무, 소나무 등을 선호하며, 나무의 높은 곳이나 낮은 곳이나 가리지 않고 잘 앉는다. 새벽부터 울기 시작하며 맑은 날 아침에 가장 집중적으로 운다. 비가 조금씩 내리는 흐린 날에도 울음을 그치지 않는다. 수컷보다는 암컷이 인기척에 민감하다. 수컷은 울음을 한 번

참매미속 참매미속(*Oncotympana* Stål, 1870)은 모식종인 필리핀산 *Oncotympana pallidiventris* (Stål, 1870) 등 동아시아에 분포하는 10종 내외를 거느리고 있으며, 한국에는 참매미 한 종만 서식한다. 일본에는 참매미와 근연 관계에 있는 민민매미 (*Oncotympana maculaticollis* (Motschulsky, 1866))가 서식한다. 참매미속의 종들은 겹눈을 포함한 머리의 너비가 가운데가슴등 기부와 거의 같고, 앞가슴등의 양쪽 가장자리가 어느 정도 확장되어 구불구불하며, 진동막덮개는 공 모양으로 튀어 나와 있어 진동막을 거의 덮으며, 배딱지가 넓고 짧은 둥근 모양이며, 앞, 뒷날개는 대부분 투명하다.

참매미를 앞에서 본 모습

끝낼 때마다 자리를 이동하는 경향이 있다. 암컷이 날아와 수컷이 앉아 있는 근처에 앉으면 울지 않고 가만히 있던 수컷도 "츠──!" 하고 소리를 낸다. 일본산 민민매미의 애벌레는 산란한 이듬해 여름에 부화하여 땅속에서 2~4년을 보낸다는 조사 보고가 있다.

울음소리 울음소리는 "끄──" 또는 "지──"로 들리는 소리로 시작하여 "밈 밈 밈 밈…… 미──"의 형태인 악절을 되풀이한다. 한 악절은 보통 6~20번의 "밈"으로 이루어져 있고, 한 번의 울음 중에서도 뒤의 악절로 갈수록 "밈"의 횟수가 증가하는 경향이 있다. 한 악절을 끝내는 "미──"의 길이는 약 3초이다. 이러한 악절을 평소에는 3~5차례 되풀이하다

참매미 수컷의 등쪽과 배쪽(인천 소야도, 2001.8.15)

참매미 수컷의 등쪽
(인천 소야도, 2001.8.16)

참매미 암컷의 등쪽
(인천 덕적도, 1993.8.2)

가 "밈──!" 하고 길게 끌면서 울음을 끝내는 것이 보통이나, 암컷을 근처에 두고 열렬히 구애하는 울음의 최고조기에는 악절을 끊임없이 되풀이하기도 한다. 이렇게 악절을 끊임없이 되풀이할 때는 보통 한 악절 내의 "밈"의 횟수가 6회 정도밖에 되지 않는다.

Biological notes This species is widely distributed throughout the Korean Peninsula and many adjacent islands and occurs in lowlands as well as mountainous areas up to about 1,000 m in altitude. Adults appear from early July to mid-September. They usually sit on low branches and trunks of cherry trees (*Prunus* spp.), oak trees (*Quercus* spp.), acacias (*Robinia pseudoacasia*), pine trees (*Pinus densiflora*), etc. Males often sing on artificial structures like office buildings, etc. in their active time. They start to chirp at dawn, and their peak chirping time falls in the sunny morning. Drizzle cannot stop their chirping entirely. Males often fly away after completing each call.

참매미 수컷의 등쪽
(경기도 고대산, 2003.8.15)

참매미 수컷의 등쪽
(인천 굴업도, 2003.8.2)

Male chirping A call consists of an introductory sound of "ghee———", 3-5 passages of "mim mim mim mim… mi———" (main part) and a concluding sound of "mim———!". A passage normally comprises 6-20 repetitions of short "mim" and a "mi———" of about 3 sec. in duration. In a call, the later passage tends to have a greater number of short "mim" repetitions. When a female is close to the singing male, the male usually reacts by increasing the number of passages.

Distribution Korea (incl. Jejudo Is.); Russia (Far East), China (northeastern part).

나무줄기에 붙어 수액을 빨아먹고 있는 참매미 수컷
(경기도 포천시 광릉, 1996. 8. 14)

한국 드라마에 나오는 일본 매미 울음소리

드라마의 배경으로 매미 울음소리가 나오는 경우가 종종 있다. 그런데 일본에서 녹음한 매미소리 녹음을 빌려오는 경우가 많은지, 그 매미소리의 대부분은 일본에 서식하는 민민매미(*Oncotympana maculaticollis* (Motschulsky, 1866))의 소리이다. 드라마 제작진들은 그 소리가 한국의 참매미 소리와 별 차이가 없다고 느끼는지는 모르겠지만, 매미를 좀 아는 사람이라면 그 소리가 한국의 참매미와는 많이 다르다는 것을 알 수 있다.

학자에 따라서 참매미와 민민매미를 동일종으로 취급하기도 하지만, 외부 형태는 차치하더라도 참매미와 민민매미는 울음소리가 엄연히 달라 생식적 격리가 일어난다고 보므로, 서로 다른 종으로 취급하는 것이 옳다고 생각한다.

참매미는 대체로 "밈 밈 밈 밈 밈 밈 … 미——— 밈 밈 밈 밈 밈 밈 … 미———밈 밈 밈 밈 밈 밈 … 미——— 밈——!" 하고 우는데 비해, 민민매미는 대체로 "밈 밈 밈 밈 밈 밈 밈 밈 밈 … ('밈'을 20~40회 반복) 미———임! 밈 밈 밈 미———미———임! 밈 밈 밈 미—— 미———임! 밈 밈 밈 미——— ('미——임! 밈 밈 밈 미———'를 10~20회 반복) 미———임! 밈 밈 밈 밈 미——— (어설프게 사라짐)" 하고 운다.

글로 표현하면 감이 잘 잡히지 않을 수도 있겠지만, 직접 들어보면 대번에 차이를 알 수 있다. 우리나라를 배경으로 한 드라마라면 우리나라의 매미소리가 등장해야 하는 것이 아닐까? 제작진들의 성의가 아쉽다. 방송국에는 녹음을 위한 훌륭한 기자재도 많을 텐데 말이다.

세기의 콜로라투라 소프라노
애매미

학명 *Meimuna opalifera* (Walker, 1850)

최초 기록지 및 국외 분포 애매미의 최초 기록지는 한국이며(Walker, 1850), 중국, 일본, 대만에 분포한다.

이름의 유래 매미아과 중에서는 몸집이 작은 편에 속하여 조복성(Cho, 1946)에 의해 '애매미'라는 이름을 얻게 되었으며, 그 전에 조복성(Cho, 1937)에 의해 붙여졌던 '기생(妓生)맴이'라는 이름이 최초의 한국명이다. 북한에서는 '애기매미' 또는 '굴쩌기'라는 이름을 사용한다.

생김새 몸길이는 수컷이 30mm 내외, 암컷이 산란관을 포함하면 31mm 내외, 산란관을 제외하면 26mm 내외이다. 날개 끝까지의 길이는 암수 모두 46mm 내외이다. 몸 등쪽면에는 검정 바탕에 여러 모양의 녹색 무늬가 덮여 있다. 이마방패(frontoclypeus)가 전방으로 뚜렷이 돌출하였다. 가운데가슴등의 세로 무늬들은 쓰름매미보다 가늘고, 신선한 개체는 등에 녹색 가루가 덮여 있고, 배 등쪽면은 은빛 가루로 덮여 있다. 배쪽면의 바탕색은 검정이며 배딱지에 누런 색이 섞여 있는 개체도 있다. 배딱지 끝 부분의 양변은 오목하여 배딱지는 전체가 창 같이 예리한 세모꼴이며, 배 길이의 가운데쯤에 달해 있다. 암컷의 산란관은 몸 밖으로 길게 나와 있다. 날개는 투명하다.

국내분포 및 생태 중부지방에서는 7월 초순 무렵부터 울기 시작하여 8월에 가장 많으며, 보통 9월 말까지 울음소리를 들을 수 있으나, 10월 초순까지 우는 놈도 가끔 있다. 부속 도서를 포함한 한반도 각지에 넓게 분포되어 있고, 평지에서 해발 1,000m 이상의 고지까지 광범위하게 분포하여, 국내에서 가장 서식 범위가 넓은 종이라고 할 수 있다. 개체수도 매우 많다.

가는 나뭇가지에 앉은 애매미 암컷
(서울 압구정동, 1993.8.3)

단풍버즘나무, 아까시나무, 벚나무, 버드나무, 감나무 등을 선호하며, 인가 근처에서는 건물 벽이나 전봇대 등에 앉아서 울기도 한다. 낮은 곳에 앉아 있는 것이 대부분이다. 흐린 날에도 많이 울고, 아침부터 해가 질 때까지 울어 댄다. 불빛이 환한 곳에서는 한밤중에도 울음을 계속한다.

결함이 있거나 노쇠한 수컷은 노래를 제대로 부를 수 없어서 도입부만

애매미속 애매미속(*Meimuna* Distant, 1905)에는 인도, 인도차이나, 중국 등에 분포하는 모식종 '*Meimuna tripurasura* (Distant, 1885)'를 비롯하여 동부 아시아의 구북구와 동양구에 걸쳐서 24종이 알려져 있다. 한국에는 애매미와 쓰름매미 이렇게 두 종이 분포한다.

최근의 계통분류 연구 결과에 따르면(Beuk, 2002), 애매미속의 모식종과 애매미, 쓰름매미 등 동아시아의 애매미속 종들과는 계통이 다르기 때문에, 애매미와 쓰름매미에는 새로운 속명이 부여되어야 한다고 한다.

애매미속의 종은 겹눈을 포함한 머리의 너비가 가운데가슴등 기부보다 넓고, 앞가슴등의 양쪽 가장자리에 이빨과 같은 돌기가 있으며, 수컷은 배의 길이가 머리에서 X자 융기까지의 길이보다 길고, 암컷은 산란관이 배 밖으로 길게 돌출하였으며, 수컷의 진동막덮개는 진동막을 거의 덮고 있고, 배딱지는 길고 두 개가 서로 분리되어 있으며, 그 끝은 뾰족하거나 둥글고, 앞, 뒷날개는 대부분 투명하다.

"쥬쥬쥬쥬쥬……." 하다가 마는 것을 가끔 볼 수 있다. 한 마리가 울 때 바로 옆에 수컷이 앉아 있으면, 그 수컷은 "지 ──" 하고 길게 몇 차례 자기 영역을 침범한 데 대한 경고음을 낸다. 주로 낮은 나무에서 울며, 한 번 울고 나면 곧 그 자리를 떠서 근처의 나무에 옮겨 앉아 다음 곡을 계속하는 것이 일반적이나, 울음을 그치고 그 자리에 한동안 눌러앉아 있기도 하며, 한 곡을 끝내면서 바로 이어 다시 한 곡을 되풀이하는 경우도 있다. 울고 있는 놈을 놀라게 하면, 울음을 그치고 날아가거나, "지지지지……." 가냘픈 비명을 지르면서 날아간다.

일본에서의 사육 기록에 의하면, 애매미의 애벌레는 산란한 이듬해 여름에 부화하여 땅속에서 1~2년을 보낸다고 하는데, 한국산도 이와 비슷할 것으로 생각된다.

울음소리   울음소리는 곡조가 매우 변화무쌍하여 새소리를 연상하게 한다. "씨우─ 쥬쥬쥬쥬쥬……"의 도입부(또는 서주)로 시작해서, "쓰와 쓰와─쓰 츠크츠크츠크… 오─쓰 츠크츠크… 오─쓰 츠크츠크… 오─쓰 츠크츠크… 오─쓰……"의 제시부(또는 제1주제)로 넘어가고, "히히히쓰 히히

애매미 수컷의 등쪽과 배쪽(충남 당진군 송악면. 2001.8.11)

애매미 암컷의 등쪽(충남 당진군 송악면. 2001.8.11)

히히히히…"의 간주를 거쳐 "씨오츠 씨오츠 씨오츠 씨오츠…"의 발전부(또는 제2주제)로 변화된 후 "츠르르르르…" 하는 종결부로 마감된다. 한 곡의 지속 시간은 30초 내지 1분가량이다.

Biological notes   This species is widely distributed throughout the Korean Peninsula and most of the adjacent islands and occurs in lowlands as well as mountainous areas up to about 1,000 m in altitude. It shows the widest distribution range in Korea as well as the highest population density among Korean cicada species. Adults appear from early July to early October. They sit mainly on low branches and trunks of acacias (*Robinia pseudoacasia*), cherry trees (*Prunus* spp.), willows (*Salix koreensis* and *S. pseudolasiogyne*), persimmon trees (*Diospyros kaki*), plane trees (*Platanus* spp.), etc. Males sometimes sing on artificial structures like house walls, utility poles, etc. They do not stop their chirping under cloudy weather conditions and continue their songs from morning till sunset. They often sing in chorus at night if sufficient electric light is provided. If another male is moving toward or sitting next to a singing male, the latter produces several strong "zee———" sounds during normal calls, which are considered to be warning or disturbing sounds. As soon as a song is completed, the male often flies to a neighboring tree to begin another song there. Some males cannot sing a complete

애매미 수컷(경기도 광릉, 1994.7.18)

애매미 암컷(봉산, 2002.8.15)

song for unknown reasons, and merely produce a "jujujujuju……" sound all the time, which is similar to the latter part of the introduction of a normal call. Both sexes are attracted to electric light at night.

Male chirping   Introduction (= prefix), "ssioooo―― jujujujuju…"; first theme, "swa swa――ss tsukutsukutsuku…o――ss tsukutsuku…o――ss tsukutsuku…o――ss tsukutsuku…o――ss……"; interlude, "sihihihiss sihihihihihi…"; second theme, sseeo――ts sseeo――ts sseeo――ts sseeo――ts…"; coda, "tsrrrr……". A complete call lasts 30-60 sec.

Distribution   Korea (incl. Isls. Ulleungdo, Hongdo, Heuksando, Gageodo, Jejudo); Japan (including the Ryukyus), China, Taiwan.

Q&A. 매미박사에게 물어봐요 3

01. 미국의 17년매미(주기매미)는 어째서 17년간이나 땅속에 있다가 성충이 된 후에는 얼마 못살고 죽는가?

많은 수의 주기매미 애벌레가 동시에 나무뿌리의 수액을 다량으로 빨아먹는다면, 나무가 말라 죽어버릴 수도 있다. 그렇게 되면 결과적으로 매미들은 먹이를 잃게 되는 것이므로, 나무도 살리면서 그 많은 주기매미도 모두 살아 성충이 되려면 한 개체가 단위시간당 수액을 빨아먹는 양이 적어야 한다. 그런데 이렇게 조금씩 먹이를 섭취해서는 영양분 축적이 조금씩 이루어질 수밖에 없고 몸도 빨리 자랄 수 없으므로, 영양분을 섭취하는 기간이 길어질 수밖에 없는 것으로 생각된다.

또 한 가지는, 포식자에게 희생되는 개체수 비율이 전체 개체수에 비해 적어지려면 동시에 수많은 개체가 발생하는 것이 유리하다는 점이다. 생장률이 비교적 빠른 애벌레가 생장률이 느린 애벌레를 기다려서 한꺼번에 성충으로 탈피하도록 대기 기간이 생기게 되었고, 결과적으로 생활환이 연장된 것으로 볼 수 있다.

미국산 주기매미의 일종

02. 우리나라에 저녁매미가 있다고 한다. 국어사전에도 저녁매미가 쓰르라미라고 나와 있는데 어찌된 일인가?

일본인 이치카와(Ichikawa, 1906)가 제주도의 곤충 목록에 'Leptopsaltria japonica'를 포함시킨 것이 저녁매미의 한국 최초 기록이나, 이 목록 중의 다른 많은 오류처럼 이것도 잘못 기록된 것이라 생각된다. 저녁매미속은 깽깽매미속보다도 서식범위가 더욱 한정적인 종들로 이루어졌기 때문에, 일본에 서식하는 저녁매미가 한국에도 서식할 가능성은 없다. 만일 저녁매미속의 종이 한국에서 발견된다면 그것은 신종일 것이다.

조복성(Cho, 1946) 등이 인용한 저녁매미의 기록이 나오는 문헌인 오카모토(Okamoto, 1924)의 기록은 이치카와의 기록을 인용하고 있을 뿐이며, 사이토(Saito, 1931), 문화공보부(Culture and Information Ministry, 1968a) 등의 기록도 이치카와나 오카모토의 기록을 인용한 것이다.

현재선과 우건석(Hyun and Woo, 1969)은 지리산 피아골에서 저녁매미가 채집되었다고 하였으나, 표본 확인 결과 소요산매미를 잘못 동정한 것이었다. 조복성(Cho, 1971)은 충남 당진 석포리에서 이명장에 의해 채집되었다는 저녁매미를 도판으로 제시하고 있으나 표본 확인 결과 배 윗면 검은 바탕의 갈색 무늬가 뚜렷하게 나타나고 배의 윗면이 전체적으로 갈색으로 보이고 가운데가슴등의 녹색 무늬가 매우 발달되어 있는 쓰름매미의 수컷이었다. 저녁매미의 가운데가슴등은 쓰름매미에 비해 녹색 무늬가 많고 배 윗면이 갈색이므로 이 때문에 잘못 동정한 것이 아닌가 생각된다. 이창언(Lee, 1979a)이 지리산을 채집지로 기록한 것은 현재선과 우건석의 기록을 인용한 것이다.

이와 같이, 한국산 저녁매미의 기록은 모두 근거가 없다. 쓰름매미는 일몰시에 가장 활발히 우는 습성을 가지므로 저녁매미와 혼동했을 수도 있겠으나, 국어사전 등에서 저녁매미를 쓰르라미와 같은 종이라고 쓴 것은 바로잡아야 할 일이다.

03. 매미의 애벌레는 굼벵이인가?

매미는 번데기 시기가 없이 애벌레(유충: larva)에서 곧바로 성충으로 탈바꿈하는 불완전변태 곤충이다. 번데기 시기가 있는 완전변태 곤충의 애벌레는 누에, 송충이, 구더기 등과 같이 성충과는 판이한 모습을 하고 있지만, 매미, 메뚜기, 잠자리 등 불완전변태 곤충의 애벌레는 성충과 모양이 대체로 비슷하고 다리가 잘 발달되어 있는 경우가 많다. 이러한 애벌레를 따로 구별하여 '약충(nymph)'이라 부르기도 한다. 간혹 매미의 약충을 굼벵이라고 부르기도 하지만, 원래 굼벵이란 말은 풍뎅이의 애벌레를 일컫는 말로, 매미의 애벌레에는 적당치 않다.

여름을 식혀주는 정통파 테너 쓰름매미

학명 *Meimuna mongolica* (Distant, 1881)
최초 기록지 및 국외 분포 쓰름매미의 최초 기록지는 중국이며, 한국과 중국에 분포한다.
한국 최초 기록 카토(Kato, 1925)에 의해 쓰름매미의 분포지로 '조선'이 최초로 명기되었다.
이름의 유래 쓰름매미에게는 그 울음소리를 딴 '씨르람이'(Mori, 1931) 또는 '쓰르라미'라는 이름도 있는데 옛 시조에도 등장하는 역사가 오래된 이름이다. 국어사전 등에서 한국에 서식하지 않는 저녁매미(*Tanna japonensis* (Distant, 1892))와 쓰르라미를 같은 것이라고 표기한 것은 잘못이다. 평안도 지방에서는 '따르미'라고 부르는데, 그것은 "따름 따름……." 운다고 하여 붙여진 이름이다.

생김새 몸길이는 수컷이 33mm 내외, 암컷은 산란관을 제외하면 25mm 내외, 산란관을 포함하면 30mm 내외이다. 날개 끝까지의 길이는 수컷이 48mm 내외, 암컷이 45mm 내외이다. 수컷은 몸통이 길쭉하다. 몸통의 등쪽면은 검정 바탕에 녹색과 누런 색의 선과 무늬로 장식되어 있으며, 애매미보다 무늬가 더 발달되어 있다. 몸 배쪽면은 엷은 쑥색과 흰색이 어울려 있으며, 수컷 배의 배쪽면은 갈색이 돌고 반투명하다. 배딱지가 매우 커서 배 길이의 2/3 정도에 달하나, 애매미의 배딱지가 끝이 뾰족한 데 비해 쓰름매미의 것은 끝이 덜 예리하다. 암컷의 산란관은 애매미와 마찬가지로 몸 밖으로 길게 나와 있다. 암수 모두 마지막 배마디 윗면에 흰색의 넓은 테두리를 두르고 있다.

국내 분포 및 생태
성충은 대개 6월 말이나 7월 초순부터 9월 중순 무렵까지 출현하며, 일부 부속 도서를 포함한 한반도 각지의 평지에 널리 분포되어 있다. 고도가 높은 곳에는 서식 밀도가 매우 낮다. 울릉도에서의 기록(Kato, 1931a)은 후에 애매미의 잘못으로 정정되었다(Kato, 1932b). 그 후 다시 울릉도 산으로 기록된 것(Cho, 1955)은 잘못 기록된 이전 기록을 그대로 인용한 것이다.

쓰름매미 수컷(수원, 2001.8.7)

둘레가 트인 곳을 선호하고, 감나무, 산수유, 은행나무, 단풍버즘나무 등에 잘 앉으며, 전봇대나 건물 벽 등에 앉아서 울기도 한다. 대체로 사람 키의 갑절 이상 되는 높이에 잘 앉으며, 높은 나무들이 있는 지역에서는 지상에서 10m 이상 되는 곳에도 잘 앉는다. 그러나 서식 밀도가 높은 곳에서는 낮게 앉기도 하며, 특히 암컷의 경우 낮은 곳에서 잘 발견된다.

한 마리가 울기 시작하면 부근의 다른 수컷들도 따라 우는 경향이 강하며, 주변의 개체끼리 "쓰―름"의 주기(週期)를 일치시키는 경우가 많다. 맑은 날 아침과 낮에도 울지만, 해질 무렵부터 해진 후 컴컴해질 때까지 집중적으로 운다. 불빛이 환한 곳에서는 기온이 높으면 한밤중에도 울음을 계속한다.

울음소리
울음소리는 "쓰―름 쓰―름······."을 되풀이하는 소리인데, "스데―욜 스데―욜 스데―욜······."로 들리기도 한다. "쓰―름"을 한 번

호랑거미에게 포획된 쓰름매미 수컷
(경기도 수원, 2001.8.7)

우는 데 걸리는 시간은 1초가량이다. 울음을 그칠 때에는 "쓰—름"의 템포가 점점 빨라지다가 갑자기 멈춘다.

Biological notes This species is widely distributed throughout the Korean Peninsula and many adjacent islands and occurs mainly in lowlands and rarely in mountainous areas. Adults appear from early July to mid-September. They sit mainly on plane trees (*Platanus* spp.), oak trees (*Quercus* spp.), persimmon trees (*Diospyros kaki*), cornellian cherry trees (*Cornus officinalis*), ginkgo trees (*Ginkgo biloba*), etc. They sit usually 4-10 m up, but sometimes, especially females, will sit on low branches and trunks where population density is very high. Males often sing on artificial structures like house walls, utility poles, etc. When one male starts singing, others follow one by one. When a group of individuals sing in chorus, the fragmented part of their call is often synchronized. We can hear their songs in the daytime, but their peak chirping time falls at dusk. Males often sing at night if sufficient electric light is provided.

Male chirping "Sdree—yol sdree—yol sdree—yol……". A song is fragmented into a regular succession of short bursts of "sdree—yol" repeated at a rate of about one per second, and it gets faster right before the end of a chirping. A call lasts for up to several tens of minutes under favorable conditions.

Distribution Korea (incl. Isls. Hongdo, Gageodo, Jejudo); China.

쓰름매미 암컷과 수컷의 등쪽
(경기도 수원, 2000.8.30
/ 경남 산청군 어부면, 1994.8.17)

쓰름매미 수컷의 등쪽과 배쪽
(경기도 수원, 2001.8.5)

쓰름매미 암컷과 수컷의 등쪽
(경기도 수원, 2000.8.29
/ 경기도 수원, 2001.8.5)

쓰름매미 암컷(경기도 광릉, 1996.8.14)

여름의 전령
소요산매미

학명 *Leptosemia takanonis* Matsumura, 1917

최초 기록지 및 국외 분포 소요산매미의 최초 기록지는 중국 서부이며, 한국과 중국(쓰촨성 등)에 분포한다.

한국 최초 기록 모리(Mori, 1931)가 완도, 목포, 부산에서 채집된 개체들을 꼬마소요산매미(신칭) (*L. sakaii*)로 잘못 동정하여 기록한 것이 한국 최초 기록이다. 일본인 도이(Doi, 1931)는 '*Chosenosemia souyoensis*' 라는 신종을 기재했는데, 이 종은 후에 소요산매미(*L. takanonis*)의 동종이명으로 정리되었다.

이름의 유래 조복성(Cho, 1946)이 '*C. souyoensis*' 의 기산지인 소요산의 이름을 따서 붙인 '소요매미' 가 최초의 한국명이나, 나중에 조복성(Cho, 1971)에 의해 '소요산매미' 로 개칭되었다. 북한에서는 '애기돌매미' 로 부른다.

생김새 몸길이는 수컷이 26~33mm, 암컷은 훨씬 짧아서 20~24mm 이며, 개체에 따라 크기 차이가 심하다. 날개 끝까지의 길이는 수컷이 35~42mm, 암컷이 35~40mm이다. 소요산매미의 암컷은 한국산 매미아과의 종들 중 몸집이 가장 작다. 앞가슴등과 가운데가슴등은 검정 바탕에 녹색 무늬가 쓰름매미를 닮았다. 수컷의 배는 원통형으로 가늘고 길쭉하고 황갈색을 띠고 있다. 암컷의 배는 짧아서 수컷의 절반밖에 되지 않는다. 머리와 가슴의 배쪽면은 연한 하늘색을 띠고 있고, 수컷의 배 배쪽면은 황갈색인데 반투명하다. 수컷의 배딱지는 매우 작고 서로 멀리 떨어져 있다. 날개는 투명하다.

국내분포 및 생태   매미아과의 다른 종이 아직 출현하지 않은 5월 하순 무렵 마치 여름을 알리는 전령과 같이 소요산매미가 울음을 터뜨린다. 그 울음소리는 8월 중순 무렵까지 이어진다. 부속 도서를 포함한 한반도 전역에 국지적으로 분포하나, 제주도에서의 기록은 없다. 도시의 인가 근처에는 잘 서식하지 않으며, 시골의 평지나 해발 600m 정도까지의 산지에 많이 산다. 서식 밀도가 높은 곳에서는 낮은 곳에 주로 붙어 있으며 눈치가 빠르지 않다.

중부지방에서 소요산매미를 많이 관찰할 수 있는 곳으로는 강원도 평창군, 영월군 등지인데, 특히 평창군과 영월군의 경계인 원동재에 높은 서식 밀도를 유지하고 있다. 전성기에는 나무 한 그루당 서너 마리의 소요산매미

소요산매미의 교미 모습
(강원도 평창군 원동재, 1993.7.2)

소요산매미속 소요산매미속(*Leptosemia* Matsumura, 1917)에는 소요산매미와, 대만 및 중국 저장(浙江)성 등지에 서식하는 모식종 꼬마소요산매미(신칭)(*L. sakaii* (Matsumura, 1913)) 이렇게 두 종만 알려져 있다.

이 두 종은 겹눈을 포함한 머리의 너비가 가운데가슴등 기부보다 약간 넓거나 같고, 앞가슴등의 양쪽 가장자리가 약간 확장되었으나 물결 모양이거나 이빨 모양이 아니며, 수컷의 배는 실린더 모양으로 그 길이가 머리에서 X자 융기까지의 길이보다 훨씬 길고, 암컷의 배는 원추형으로 짧고 산란관이 거의 돌출하지 않았으며, 수컷의 진동막덮개는 진동막을 거의 덮고 있고, 배딱지는 작고 비늘 모양으로 두 개가 서로 분리되어 있으며 제2배마디를 넘지 못하고, 앞, 뒷날개는 대부분 투명하다.

소요산매미 수컷

가 붙어 있을 정도이다.

소요산매미는 단독 이동성이 강한 것 같다. 집단 서식지를 벗어나서 홀로 울며 이동하는 개체를 때때로 볼 수 있기 때문이다. 이러한 개체는 경기도 이천군 설성면, 강원도 계방산 등지에서 본 일이 있다.

소요산매미가 짝짓기하는 모습을 한 번 관찰한 적이 있는데, 나무 잎사귀 밑면에 암컷이 잎을 붙잡고 있고, 암컷과 배 끝이 연결되어 있는 수컷은 아무것도 붙잡지 않은 채 배를 위로 하고 머리를 땅으로 향한 채 거꾸로 허공에 매달린 모습이었다.

울음소리   울음소리는 짧은 연속음으로 서주를 시작해서 "지—잉 트웽! 지—잉 트웽! 지—잉 트웽! 지—잉 트웽! ……." 하고 한동안 울다가 노래를 끝낼 무렵이 되면 템포가 점점 빨라진 후 "타카타카타카타카……." 하면서 노래를 마친다.

소요산매미 수컷의 등쪽과 배쪽
(강원도 영월군 남면, 2001.6.23)

소요산매미 암컷의 등쪽
(경북 선달산, 1998.6.29)

Biological notes This species is distributed throughout the Korean Peninsula and many adjacent islands but has not been recorded from the Isls. Jejudo and Ulleungdo. It occurs locally in lowlands as well as mountainous areas up to about 600 m in altitude and prefers rural to urban areas. Adults appear from late May to mid-August. They usually sit on low branches and trunks of oak trees (*Quercus* spp.), etc. In their habitats where population density is high, they can be captured by hand since they do not readily fly away.

Male chirping "Jigujigujigujigu… jee—ng twaing! jee—ng twaing! jee—ng twaing! jee—ng twaing!……takatakatakatakataka…". A short sound of "jigujigujigujigu…" introduces a main chirping. A call usually lasts for up to several minutes in normal conditions. The tone of "jee—ng twaing!" gets faster until it reaches the coda of "takatakatakataka…".

Distribution Korea; China.

소요산매미 수컷의 등쪽
(강원도 태백산, 1986.6.8)

소요산매미 수컷
(강원도 평창군 원동재, 1994.6.16)

소요산매미의 우화

Q&A. 매미박사에게 물어봐요 4

01. 이솝 우화 '개미와 베짱이'는 원래 '매미와 개미'였다는데?

잘 알려진 이솝 우화 '개미와 베짱이'는 그리스어 원전에 의하면 '개미와 매미'였다. 또한 이를 바탕으로 프랑스의 우화작가인 라퐁텐(Jean de La Fontaine: 1621~1695)이 재구성한 'La Cigale et la Fourmi'도 번역하면 '매미와 개미'이고, 그 내용은 다음과 같다.

> 한 매미가
> 여름 내내 노래만 부르다가
> 북풍이 불기 시작해서야
> 먹이가 떨어졌음을 알게 되었네.
> 파리나 작은 애벌레의
> 작은 조각조차 없다는 것을.
> 그녀는 이웃 개미에게
> 먹이를 구걸하러 갔지.
> 내년 여름까지 연명할
> 몇 톨의 곡식이라도
> 그녀에게 꾸기 위해.
>
> "꼭 갚을게." 매미는 말했네.
> "팔월이 오기 전에, 동물의 명예를 걸고,
> 이자까지 쳐서 말이야."
> 개미는 잘 꾸어주는 자가 아니었어.
> 이것이 그녀의 작은 단점이었지.
> "따뜻한 날 동안 넌 뭘 했지?"
> 그녀는 구걸자에게 말했어.
> "밤낮으로 무엇이든지
> 난 노래했어. 좋아하든 싫어하든."
> "노래했다고? 이제 알겠군.
> 좋아, 이젠 춤을 추시지 그래."

물론 '파리나 작은 벌레' 또는 '곡식'은 베짱이의 먹이로 더 어울리지만, 등장인물은 엄연히 '베짱이'가 아닌 '매미'였다.

어쨌든 이 우화의 번역 과정에서 매미는 베짱이로 둔갑하고 말았다. 지금도 영어권에서는 'The Ant and the Grasshopper' 또는 'The Grasshopper and the Ant'로 번역하는 경우가 많은데, 이것은 영어로 번역될 때 'cigale'가 무엇인지를 잘 알지 못했기 때문에 'grasshopper'로 된 것이 아닐까 생각된다.

몇 해 전 어느 여름날 필자는 유럽 각국의 손님들을 모시고 다니다가 참매미 소리가 요란한 중에 한 손님에게 저 소리를 아는지 물어보았다. 그는 "잘 모르겠는데, 'grasshopper' 아닌가?"라고 대답했다. 또한 "cicada가 무언지 아는가?" 하는 물음엔 모르겠다는 것이었다.

영국, 스칸디나비아, 핀란드, 네덜란드, 독일, 스위스, 프랑스 북부 등 북부 유럽 사람들은 매미란 곤충에 대해 잘 모른다. 우는 곤충으로는 베짱이만을 잘 알고 있을 뿐이다. 그것은 그들이 사는 곳에 매미가 눈에 띄지 않기 때문이다. 엄밀하게 말하면 그곳에도 매미가 있기는 있다. 바로 우리나라에도 분포하는 세모배매미* 단 한 종만 있는 것이다. 그러나 이 종은 몸 크기가 매우 작고 울음소리도 잘 들리지 않을 뿐더러 개체수도 적어 일반인의 눈에 거의 띄지 않는다. (영국 등에서는 이 종을 멸종 위기종으로 지정하여 보호하고 있다.)

그러나 남프랑스, 그리스, 스페인, 이태리 등 남유럽 지중해 연안 지역으로 내려오면 매미가 많아진다. 깽깽매미속의 민무늬깽깽매미(신칭)(*Tibicen plebejus* (Scopoli, 1763)), 한국의 소요산매미와 먼 친척 관계인 유럽봄매미(신칭)(*Cicada orni* (Linnaeus, 1758)), 그 밖에 한국산 풀매미의 절반 정도 크기인 애풀매미(신칭(*Cicadetta tibialis* (Panzer, 1798)) 등 수십 종의 매미가 서식하고 있기 때문이다. (프랑스 남부를 배경으로 한 영화 '마르셀의 여름'에서는 유럽봄매미를 실컷 보고 들을 수 있다.)

매미가 많은 한국이지만, 한국에서 우화가 번역, 소개될 때 왜 '개미와 베짱이'로 소개되었는가에 대해서는, 이솝 우화의 그리스어 원전과 라퐁텐의 불어 원본이 아닌 영어본을 번역하였기 때문에 'grasshopper'를 '베짱이'로 번역한 것이 아닌가 추측하고 있다. 'Grasshopper'를 '메뚜기'가 아닌 '베짱이'로 번역한 것은, 베짱이나 메뚜기나 모두 메뚜기목(Orthoptera)에 속하는 곤충이므로 별 무리가 없다.

덧붙여서 미국인들의 매미에 대한 인식도 한번 살펴보자. 미국에는 매미 종수가 많다. 그런데 어찌된 일인지 일반인은 물론 곤충학자들도 주기매미 외에는 매미에 별반 관심이 없다. 영어로 'cicada'란 이름이 있는데도 매미를 흔히 'locust'로 잘못 부르기도 한다. 그러나 원래 'locust'는 (주로 이동성이 있는) 메뚜기를 지칭하는 말로, 매미를 메뚜기라고 부르는 셈이다. 이것은 영국에서 매미를 'grasshopper'로 잘못 번역한 것과 관련이 있는지도 모른다. 미국에서는 주기매미, 이른바 '17년매미'나 '13년매미'가 유명하다. 주기매미는 워낙 특이한 생태를 가지고 있는 곤충이라 곤충학자나 일반인의 관심은 온통 주기매미에 쏠려 있다고 해도 과언이 아니다.

동남아시아에서는 어떨까? 흔히 동남아시아에 가면 매미가 매우 많을 것이라고 생각한다. 그러나 매미는 정글 속이 아니면 그리 흔하게 볼 수 있는 곤충이 아니다. 여름에 자카르타 시내를 한번 걸어 보라. 매미 울음소리를 한 번이라도 들을 수 있다면 성공한 것이다.

필자 경험으로는 한국, 일본, 중국, 대만 등 동아시아가 매미 개체수가 무척 많은 곳에 속한다. 한국에도 종수는 적지만 개체수는 많아

서 여름이면 도심에서 소음공해를 일으킬 만큼 매미 합창을 들을 수 있다. 그만큼 한국에서는 매미가 유명한 곤충이다.

들릴락 말락
세모배매미

학명 *Cicadetta montana* (Scopoli, 1772)

최초 기록지 및 국외 분포 세모배매미의 최초 기록지는 유럽으로, 영국에서 사할린까지 온대 유라시아대륙을 관통하는 매우 넓은 분포를 보인다. 울음소리 분석 및 유전자를 이용한 계통분류 결과, 지금까지 '*Cicadetta montana*'로 불린 종은, 형태적으로는 구분이 어렵지만 울음소리와 유전자가 상이한 여러 개의 종으로 구성된 종 집단(species complex)이라는 주장이 최근에 고갈라와 트릴라(Gogala and Trilar, 2004)에 의해 제기되었다. 이 주장에 따른다면, 한국산 세모배매미의 울음소리도 유럽산 개체군과는 확연한 차이를 보이므로, 한국산 세모배매미도 독립종으로 분리되어 학명이 변경되어야 할 것이며, 새로운 학명은 앞으로 사할린산 '*ichinosawana*'와의 비교 검토를 통해 신중히 적용해야 할 것이다.

한국 최초 기록 석주명이 채집한 함북 청진산 '*Takapsalta ichinosawana*'을 카토(Kato, 1938b)가 기록한 것이 세모배매미의 한국 최초 기록이다. 카토가 소장하고 있던 한국산 세모배매미의 표본은 학술적 이용이 불가능한 상태이기 때문에 이 종의 정체를 알 수 없었으나, 한국에서의 최초 기록 후 반 세기가 더 지난 다음에야 필자(Lee, 1995)에 의해 한국산 세모배매미의 표본이 국내에서 발견되었고, 또한 그 후 서식지와 생태에 대한 글(Lee, 1988)이 발표되면서 그 정체가 알려졌다.

이름의 유래 세모배매미의 뚜렷한 형태적 특징 중 하나는 배의 등쪽 부분이 용골과 같이 좁아서 배의 횡단면이 세모꼴이라는 것인데, 이러한 특징 때문에 '세모배매미'란 이름이 붙여졌다(Lee, 1979a).

생김새 세모배매미의 크기는 풀매미와 호좀매미의 중간 정도이고, 암컷이 수컷보다 몸집이 크다. 몸 등쪽면은 무늬 없는 검정색이다. 살아 있는 성충의 겹눈은 검정색이다. 배는 검정색이나 각 마디 뒷가장자리는 가늘게 붉은 빛이 도는 갈색이다. 배의 등쪽 부분이 용골과 같이 좁다.

세모배매미속 한국에는 좀매미아과에 세모배매미속(*Cicadetta* Kolenati, 1857) 한 속만 분포한다. 세모배매미속의 종은 구북구와 오스트레일리아구를 중심으로 약 160종이 알려져 있는데, 세모배매미, 두눈박이좀매미, 호좀매미, 풀매미, 고려풀매미 등 5종이 한국에 서식한다. 모식종은 세모배매미이다.

세모배매미속의 종들은 겹눈을 포함한 머리의 너비가 가운데가슴등 기부보다 약간 좁거나 같고, 진동막덮개가 없으며, 배딱지는 작고 비늘 모양으로 두 개가 서로 분리되어 있고, 앞, 뒷날개는 대부분 투명하다.
한국의 세모배매미속은 다음의 세 개 종 그룹(species group)으로 나뉘는데, 앞으로 연구를 통해 그룹 B와 그룹 C는 각기 다른 속명을 부여받아야 할 것이다(이 책의 '우리나라 매미의 분류'(15쪽) 각주 참조).

[그룹 A] 배의 등쪽 부분은 용골과 같이 좁아서, 배의 횡단면이 세모꼴이며, 생식기판은 매우 긴 원추형이고, 아랫면 마지막 배마디 길이의 약 1.5배이다. 앞날개 중맥(M 맥)과 주맥(CuA 맥)은 시저실에서 항상 서로 분리되어 나온다. (세모배매미)
[그룹 B] 비교적 대형(24mm 내외)이다. 배의 등쪽 부분은 둥그스름하여 원통형에 가까우며, 생식기판은 마지막 배마디의 길이보다 짧다. 앞가슴등의 양측 가장자리가 다소 발달하여 아래쪽으로 둥글게 튀어나와 있으며, 수컷의 배딱지는 가로로 긴 타원형이다. 앞날개 중맥과 주맥은 개체에 따라 시저실의 한 점에서 나오거나 서로 분리되어 나온다. (두눈박이좀매미, 호좀매미)
[그룹 C] 비교적 소형(17mm 내외)이다. 배의 등쪽 부분은 둥그스름하여 원통형에 가까우며, 생식기판은 마지막 배마디의 길이보다 짧다. 앞가슴등의 양측 가장자리는 발달되어 있지 않고 아랫면과의 경계가 가운데가슴등의 경계와 일직선상에 있으며, 수컷의 배딱지는 둥글다. 앞날개 중맥과 주맥은 명확히 합류되어 시저실에 닿는다. (풀매미, 고려풀매미)

국내분포 및 생태 지금까지 기록된 채집지는 함북 청진과 강원도 고산 지역(설악산 백담사, 가칠봉, 오대산, 계방산, 평창군 용평면 속사리)에 국한되어 있다.

1996년 계방산에서 발견한 서식지는 해발 900~950m 고지의 계곡 옆의 깊은 숲 가운데 위치한 길이 500m, 너비 50m 정도의 약간 경사진 개활지였다. 그 개활지는 잡풀과 키 작은 관목(灌木)들로 덮여 있었으며, 관목 중의 우점종은 높이가 1.5~2.5m 가량 되는 참싸리였다. 개활지 주변은 참나무류와 소나무류 등 키 큰 나무들의 숲이다. 주 서식지 주변에는 규모가 작은 공터들이 있는데, 그곳에서도 세모배매미가 발견되었다.

현재는 서식지를 발견했던 때(1996년)보다 싸리 등 관목이 많이 자라 수풀로 우거지게 되어 개체수가 급감하였으며, 수년 간 채집이 되지 않고 있다.

성충은 5월 하순에서 8월 초 사이에 출현한다. 낮은 관목, 특히 싸리 줄기에 잘 앉으나, 때때로 개활지 주변의 키 큰 나무의 가지에 앉기도 한다. 해가 나야 울음을 시작하는 것이 보통이며, 오전보다 오후에 더욱 울음이

세모배매미 수컷의 등쪽과 배쪽
(강원도 계방산, 1996.6.11)

잦아져서 오후 7시 이후까지도 이어진다. 인기척에 매우 민감하여 조그만 소리에도 놀라 도망가기 때문에 접근 및 채집이 매우 어렵다. 울음소리를 듣고 다가가면 이미 다른 곳으로 이동해 버렸거나 울음을 그치는 것이 보통이다. 이동 거리는 한 번에 2~5m 정도이며, 울던 수컷은 울음을 계속하며 날아간다. 암수 모두 가끔씩 밤에 불빛에 이끌려 날아와 불빛 주변 땅 위에 앉기도 한다.

참싸리의 줄기에 앉은 세모배매미
(강원도 계방산, 1996.6.11)

영국의 'Cicadetta montana'는 산란한 해 가을에 부화하여 땅속으로 들어간 후 6~8년의 땅 속 애벌레 기간을 거쳐 성충으로 탈피한다고 한다. 한국산 세모배매미도 이와 비슷할 것으로 예상된다.

세모배매미 성충 출현기에 계방산의 서식지에서는 세모배매미속의 다른 종은 거의 찾아볼 수 없다. 세모배매미는 한때 지금보다는 훨씬 넓은 지역을

세모배매미 암컷의 등쪽
(강원도 오대산, 1994.7.15)

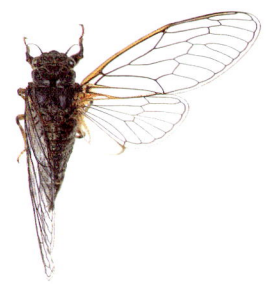

세모배매미 암컷의 등쪽
(강원도 계방산, 1996.6.11)

삶의 무대로 했던 것으로 보인다. 그러나 기후 환경의 변화와, 세모배매미와 출현 시기와 서식 환경이 비슷한 풀매미와의 경쟁에서 밀려 현재는 제한적인 장소에서만 겨우 명맥을 유지하게 된 것으로 보인다. 얼마 남지 않은 세모배매미의 서식지 환경을 보호하지 않는다면 한국에서 세모배매미를 볼 날은 그리 오래가지 않을 것이다.

울음소리

세모배매미의 울음소리는 주파수가 초음파에 근접하는 14kHz 내외의 고음이기 때문에 인간의 귀에는 들릴락 말락 하여 실제로 소리 나는 위치보다 먼 곳에서 나는 소리로 착각하기 쉽다. 그래서 소리 내는 수컷의 정확한 위치를 찾아내기가 쉽지 않으며, 5m 이상 떨어진 곳에서는 울음소리를 듣기 어렵다. 음색은 매미아과의 종은 물론 세모배매미속의 다른 종과도 매우 다르다. 2~6초 길이의 "지———" 소리로 시작하여, 0.5초가 안 되는 찰나적인 휴지 후에, 짧고 더 강하며 끝으로 갈수록 강해지고 톤이 높아지는 약 0.5초 길이의 "지—익" 소리로 마감한다. 이 울음은 대개 수 초 내지 수 분의 간격으로 이어진다.

Biological notes

This species is locally distributed in mountainous areas of Gangwon-do province and N. Korea. Adults appear from late May to early August. They prefer bushes on open lands near forests but sometimes sit on the branches of tall trees at the periphery of open spaces. Singing males are sensitive to approaching humans that it is difficult to get close to them before they fly away. Males frequently sing-and-fly. Singing usually occurs in full sunshine, more frequently in the afternoon, and lasts until 1900h or later. Both sexes are sometimes attracted to electric light at night.

Male chirping

The whole call is known to be at a high pitch of about 14 kHz, being too weak for human ears. A chirp begins with a sound "zee———" lasting for 2-6 sec. in duration and is followed by a momentary pause shorter than 0.5 sec. The chirp ends with a short and more intense sound of "zee——k" lasting for about 0.5 sec. The finishing point is the highest and the strongest in tone.

Distribution   Korea; China, Russia (incl. Sakhalin), Palaearctic region.

강원도 계방산의 세모배매미의 서식지(1996. 6. 11)

보호해야 할 세모배매미

세모배매미는 유라시아 대륙의 북부를 터전으로 살아가는 매우 광범위한 분포범위를 보이는 종이다. 그러나 분포 범위는 넓지만 서식지는 제한되어 있고 개체수도 매우 적어서 영국에서는 멸종위기에 처해 있는 이 종을 보호종으로 지정하여 보호하고 있다.

최근 연구 결과 우리나라의 세모배매미는 유럽 등지의 세모배매미와는 다른 종일 가능성이 높다고 한다. 그렇다면 한국산 세모배매미는 사할린에서 기록된 'ichnosawana'와 동일한 종일 수도 있지만, 신종일 가능성도 있다는 얘기이다.

한국에서 이 종은 1938년에 채집되었다는 기록(Kato, 1938b) 외에는 다른 기록이 없고 표본도 전혀 남아있지 않은 종이었다. 필자는 1995년 이 종을 새롭게 발견한 후 1998년 단편적인 생태 정보를 보고하였고 표본도 몇 개체 확보하였으나 개체수가 워낙 적고 채집이 어려워 이 종의 실체를 파악하는 데 어려움이 많았다.

그런데 최근 천이와 같은 식생 변화와 더불어 골프장이나 목초지 개간, 도로 개설 등으로 세모배매미가 선호하는 서식지인 관목과 풀로 덮여 있는 고냉지 개활지가 점점 줄어들고 있다. 지구 온난화도 세모배매미의 생존에 위협 요인이 되고 있다. 이렇게 하다가는 올바른 학명 적용을 위한 연구를 시작하기도 전에 세모배매미는 한국에서 사라져버릴지도 모른다는 걱정이 든다.

세모배매미는 생태도 특이하지만, 울음소리가 초음파에 가까워 아주 약하게 들리는 매우 특이한 종이다. 이 특이한 우리나라의 생물자원을 올바로 보호하여 이 땅에서 명맥이 끊이지 않도록 하는 것은 매우 중요하고 시급한 일이다.

계방산의 세모배매미 서식지에 많은 참싸리(강원도 계방산, 1998.5.30)

세모배매미의 서식지를 발견하다

한국에서는 미지의 곤충이었던 세모배매미의 서식지를 발견하고 살아 있는 세모배매미를 처음으로 관찰할 수 있었던 순간을 여기 기록으로 남긴다.

1996년 6월 11일 세모배매미의 서식지를 찾아내기 위해 채집 기록이 있는 강원도 계방산을 향했다. 벌써 이곳에 온 것이 몇 번째인지 모른다. 먼저 운두령에 도착해 보니 그 일대는 온통 안개로 뒤덮여 있었다. 30분쯤 기다렸으나 안개가 걷힐 기미가 보이지 않아, 이승복 생가 터 쪽으로 내려갔다. 생가 터를 지나 다리를 건너 공중 화장실 옆까지 들어가 차를 세웠다. 이곳은 안개는 덮여 있지 않았지만 구름이 낀 상태였다.

화장실과 그 주변에 모인 곤충이 있나 잠시 돌아본 후, 09:50 천천히 산길을 따라 걸어 들어갔다. 처음엔 윗길을 따라 들어가서 물을 두 번 건넌 후 길이 두 갈래로 되는 지점까지 갔다가(10:53) 되돌아 내려왔다.

넓은 초원 지대를 지나 내려오면 좀 작은 공터가 나오는데, 그 공터에 들어서자마자 오른편 나무 밑 부분에서 매우 미약한 "지———" 소리가 들렸다. 무슨 베짱이나 메뚜기의 소리 같았지만 그래도 혹시 몰라 살펴보려고 다가갔다. 그러나 몇 번 소리가 나더니 더 이상 아무 소리도 들리지 않았다.

아랫길과 윗길이 갈라지는 지점에서 이번에는 아랫길을 따라 들어가 보았다. 깊은 숲을 가로질러 한참을 간 곳에 있는 외딴집 주위도 돌아본 후 12:30경 집 옆 풀밭에 앉아 요기를 했다. 아직까지도 세모배매미를 찾지 못하여 낙심이 되었으나, 위쪽 초원에도 한 번 가 보기로 했다.

13:00경 잡목들을 헤치고 초원에 막 들어서려는데 오른쪽 발밑에서 "푸르륵" 소리가 났다. 매미의 날갯짓 소리임을 직감하고, 날아 도망가는 것을 눈으로 따라가 보니 역시 매미 한 마리가 날아서 땅에서 10cm 정도 높이의 낮은 풀 잎사귀 밑에 매달리는 것이 보였다. 잎사귀 밑으로 머리 부분만이 보이는지라 사진을 찍기는 곤란했고, 얼른 손으로 붙잡았다. 생전 처음 보는, 살아 있는 세모배매미 암컷이었다.

세모배매미는 초원성일 것이란 말을 들은 적이 있는데, 이 초원이 세모배매미의 서식지인가 보다 생각했다. 그러나 이상한 일은 이 초원 일대는 언제나 적막강산이었다는 것이다. 매미 울음소리가 전혀 들리지 않는 곳이었다. 전에도 몇 번 비슷한 시기에 이곳에 와 본 적이 있었지만 한 번도 매미 울음소리를 들은 일이 없었다. 나는 항상 귀를 매미소리에 맞추고 다니기 때문에, 만일 이곳이 세모배매미의 서식지라면 매미소리 비슷한 것이라도 이전에 들어 보았어야 하지 않는가 말이다.

어쨌든 다시 한 번 세모배매미가 놀라 날아오르지 않을까 하는 기대감에 초원 일대를 마구 헤집고 돌아다니기 시작했다.

그러다 아까 윗길에서 들렸던 매우 미약한 "지———" 소리가 또 들렸다. 전방으로 2~3m쯤 떨어진 곳에서 나는 소리 같아서 그곳을 유심히 살폈으나 아무것도 보이지 않았다. 카메라 외다리로 소리가 난 지점으로 추측되는 풀을 건드려 보았는데, 그때 바로 앞에서 무언가가 날아올라 앞쪽으로 날아갔다. 언뜻 보아 조그만 매미 같았다. 세모배매미일지도 모른다 싶었다. 그렇지만 이 미약한 소리가 설마 매미의 울음소리일까 싶기도 했다. 계속해서 그 넓은 초원 일대를 뒤지며 돌아다녀 보았지만 놀라 날아가는 매미는 발견할 수 없었다. 대신 산토끼가 발 앞에서 갑작스럽게 튀어나와 깜짝 놀라기만 했다. 아까의 그 미약한 소리는 한 번 더 들을 수 있었지만 접근할 수 없는 곳이라 그냥 지나쳤다.

아까부터 계곡 주위 숲의 나무들 위에서 귀뚜라미 소리를 2~3배 빨리 돌리는 듯한 "치칵치칵치칵……" 하는 소리가 간헐적으로 2~5초 정도 이어지며 여기저기서 들렸는데, 바로 그 소리가 세모배매미의 울음소리일지도 모른다고 생각했다(나중에 이 소리는 숲새의 소리라는 것을 알게 되었다). 그렇다면 세모배매미는 역시 초원성이 아니고 호좀매미처럼 삼림성 매미인가? 아까의 그 암컷은 우연히 풀밭에서 잡힌 것일까? 그러나 이런 소리는 모두 길도 없는 계곡의 높은 나무 위에서 나는 소리여서 이리저리 다니며 접근을 시도해 보았지만 도저히 접근할 수가 없었다. 나무 위에서 울다가 초원 위로 날아와 우는 것이 혹시 있을까 싶어 기다려 보았지만 그런 일은 없었다.

낭패감에 휩싸여 나무 그늘에 앉아 아침에 물기 묻은 풀을 헤치고 다니느라 온통 젖어 버린 발을 말리면서 잠시 쉬었다. 그때가 14:00경이다. 바로 그때 앉아 있는 뒤쪽에서 아까처럼 매우 미약한 "지———" 소리가 들리는 것이다. 일어서서 그곳으로 다가가려는 순간 바로 눈앞에 매미가 가는 싸리 줄기에 붙어 있는 것이 보였다. 헉, 바로 세모배매미였다! 바로 그 미약한 소리를 내면서 울고 있는 것은 세모배매미였다! 사진을 찍으려고 몸을 움직이자 울음을 계속하며 3m 정도 날아가 다른 줄기에 붙었다. 천천히 다가가 울고 있는 세모배매미를 몇 컷 찍었다. 앵글을 바

꾸기 위해 옆으로 움직이는데 또다시 날아가 행방이 묘연해졌다.

매미의 울음소리가 이렇게 가늘고 미약하리라곤 생각지 못한 일이다. 세모배매미의 울음소리는 매우 미약하기 때문에 들릴락 말락 하여 정신을 집중하지 않고는 듣기 어려웠다. 또한 바로 앞에서 울어도 음량이 적기 때문에 멀리서 우는 것 같이 들렸다. 정확한 위치를 알아내려면 우선 바로 앞부터 살핀 후, 옆으로 천천히 이동하면서 각도를 재어 파악해야 할 것이다. 매미가 이런 식으로 운다는 것은 상상도 못했고, 지금까지 이곳에서 한 번도 매미 울음소리를 들은 일이 없다고 생각한 이유는 바로 이 때문이었음에 틀림없다.

다른 개체를 발견하기 위해 포충망을 꺼내 들고 위로 올라가 보았다. 이번에는 발자국 소리를 내지 않으며, 모든 신경을 귀로 집중하여 살금살금 걸었다. 몇 걸음 옮기지 않아서 갈대 줄기에 붙어 있는 또 한 마리가 보였다. 그러나 카메라를 드는 순간 금방 날아가 버렸다. 계속 걸어가니 여기저기서 울음소리가 들리기 시작했다. 아까는 매미를 날아오르게 하려고 너무 거칠게 다녔기 때문에 두 번밖에는 매미 울음소리를 들을 수 없었던 건 아닐까? 또 한 마리가 관목 줄기에 앉아 울고 있는 것이 눈에 띄었는데, 나뭇잎에 가려 사진 찍기에 적당치 않아 포충망으로 채집했다.

더 이상은 울음소리를 듣고도 발견하기가 어려웠다. 울음소리를 듣고 다가가면 이미 다른 곳으로 이동해 버렸거나 더 이상 소리가 들리지 않았다. 이동할 때는 2~3m씩 날아가는 것 같았다. 초원 주변으로 제법 키 큰 나무들이 있고 그 너머로 계곡이 있었는데 그 키 큰 나무들에 앉아서 우는 개체도 꽤 있었다.

울음소리를 유심히 잘 들어 보니 "지──"를 2~6초(평균 약 3초)의 길이로 소리 낸 후 약 0.5초의 찰나적인 휴지 후에 약 0.5초의 길이로 짧고 더 강하고 끝이 올라가는 "지─익" 소리로 마감한다.

15:30경까지 그 일대를 조사했으나 별 성과가 없었다. 오늘 생태사진을 찍은 것은 너무나 운이 좋았던 것으로 생각되었다. 이젠 울음소리도 거의 들리지 않고 갈 길도 멀고 해서 그곳을 출발했다. 내려오면서 보니 탁 트인 곳에서는 으레 세모배매미의 울음소리가 들렸다. 그러나 발견하기는 어려웠다. 내려오면서 이 매미의 이름을 '들릴락말락좀매미'로 붙였으면 재미있을 뻔했다고 생각했다. 하지만 이전에 그 누가 이 매미의 울음소리를 파악하고 있었으랴.

현재 이 서식지에서는 세모배매미를 발견하기 매우 어려워졌다. 그동안 개체수가 급감한 것으로 보인다.

북방의 은둔자
두눈박이좀매미

학명 *Cicadetta admirabilis* (Kato, 1927)

최초 기록지 및 국외 분포 카토(Kato, 1927b)가 함북 회령에서 채집된 표본을 신종으로 기재한 것이 두눈박이좀매미의 최초 기록이며, 한반도 북부와 중국 북부지방에 분포한다.

이름의 유래 '좀매미'란 '작은 매미'란 뜻이며, 두눈박이좀매미, 호좀매미, 소나무좀매미(일본에 서식) 세 종 모두가 '小'자를 앞에 붙인 '쇠맴이'라는 이름으로 불리기도 하였다(Cho, 1937). 누런 반점 2개가 가운데가슴등의 윗면에 가로로 박혀 있는 특징 때문에 조복성(Cho, 1946)에 의해 '두눈배기좀매미'란 이름이 붙여졌다. 북한에서는 간단히 '두눈좀매미'라 부른다.

생김새 몸길이는 23mm 내외이고 날개 끝까지의 길이는 33mm 내외이다. 몸 등쪽면은 검정색 바탕이며 앞가슴등 중앙에 '!' 모양의 누런 무늬가 세로로 박혀 있다. 배 등쪽면 각 마디의 뒤쪽 가장자리는 적갈색이다. 몸 배쪽면은 검정과 적갈색 무늬가 어울려 있다. 날개는 투명하며, 앞날개 중맥과 주맥은 대부분 시저실에서 서로 분리되어 나온다.

가운데가슴등에 H자 모양의 큰 오렌지색 무늬가 있고, 앞가슴등의 둘레, X자 융기 주위에 오렌지색 무늬가 발달되어 있는 개체가 있는데, 이러한 담색형 개체들은 'var. *kishidai* (Kato, 1932)'에 해당하는 변이형태이다.

국내외 분포　한반도에서는 북부에 분포한다. 함북, 함남, 강원, 서울, 충북 등지의 채집지가 기록되기도 했지만, 그 대부분이 호좀매미를 잘못 동정한 것으로 생각된다. 원기재자인 카토에 의해 기록된 함북 회령(Kato, 1927b)과 경원(Kato, 1932a)을 제외하고는 신빙성 있는 채집 기록으로 보기 어렵다. 실제로 남한에서는 두눈박이좀매미의 서식이 현재까지 확인되지 않고 있다.

생태 및 울음소리　두눈박이좀매미의 울음소리나 생태에 대해서는 아직 기록된 일이 없다.

Notes　Biological notes and male chirping are undocumented so far. In Korea, this species has been hitherto recorded from Hoeryeong and Gyeongwon in the northeastern highlands.

Distribution　Korea; China.

두눈박이좀매미
수컷의 등쪽
(함북 경원군 안농면,
1932.10.17)

두눈박이좀매미 수컷의
등쪽과 배쪽
(중국 푸순, 1999.8.19)

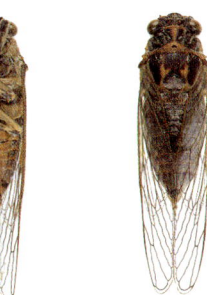

두눈박이좀매미
수컷 담색형 등쪽
(중국 푸순,
1999.8.18)

두눈박이좀매미
암컷 담색형 등쪽
(중국 푸순,
1999.8.19)

매미인가 베짱인가
호좀매미

학명 *Cicadetta yezoensis* (Matsumura, 1898)

최초 기록지 및 국외 분포 이 종의 최초 기록지는 일본 홋카이도이며, 일본, 한국, 러시아(쿠릴 열도, 사할린, 우수리), 중국 동북부 등지에 분포한다.

한국 최초 기록 한 일본인에 의해 함남 풍산군(豊山郡) 이파(梨坡) 1,150m의 산에서 채집된 매미를 카토(Kato, 1931c)가 '*Melampsalta sachalinensis*'로 동정, 발표한 것이 호좀매미의 한국 최초 기록이다.

이름의 유래 처음에는 '쇠맴이'란 이름이 붙여지기도 했는데, 조복성(Cho, 1937)에 의하면 이것은 매미에 '小'자를 앞에 붙인 것이다. 조복성(Cho, 1946)에 의해 나중에 붙여진 '호좀매미'란 이름의 의미에 대한 설명은 문헌상 찾을 수가 없다.

생김새 몸길이는 24mm 내외이고 날개 끝까지의 길이는 35mm 내외이다. 몸 등쪽면은 검정색 바탕이며 앞가슴등 중앙에 '!' 모양의 누런 무늬가 세로로 박혀 있는 것이 두눈박이좀매미와 매우 비슷하다. 배 등쪽면 각 마디의 뒤쪽 가장자리는 적갈색이다. 몸 배쪽면은 검정과 적갈색 무늬가 어울려 있는데, 두눈박이좀매미에 비해 검정색 부분이 훨씬 발달된 경향이 있다. 날개는 투명하며, 앞날개 중맥과 주맥은 대부분 시저실의 한 점에서 합류되어 나오나 간혹 분리되어 나오는 개체도 있다.

이 종은 두눈박이좀매미와 형태가 매우 비슷하기 때문에 구별하기 힘들어, 잘못 동정하기가 쉽다. 호좀매미와 두눈박이좀매미를 구별하는 방법은 다음과 같다.

1. 호좀매미의 앞날개 중맥과 주맥은 두눈박이좀매미와 달리 대개는 시저실에서 합류되어 나온다.
2. 호좀매미의 배 배쪽면과 다리의 검정 무늬는 두눈박이좀매미에 비해 발달되어 있다.
3. 두눈박이좀매미 수컷의 배 양측 가장자리는 꺾어짐이 보이지 않는 완만한 곡선으로 되어 있지만, 호좀매미는 제6마디 부근에서 눈에 띄는 꺾어짐이 있다.
4. 호좀매미의 수컷 생식기는 두눈박이좀매미에 비해 크기가 훨씬 크다.
5. 두눈박이좀매미는 머리의 폭이 가운데가슴등 윗가장자리의 폭과 비슷한 데 반해, 호좀매미는 머리의 폭이 가운데가슴등 윗가장자리의 폭보다 좁다.

일본에서는 가운데가슴등에 H자 모양의 큰 무늬가 있고 앞가슴등의 둘레, X자 융기 따위의 색이 담황색인 담색형 호좀매미 개체가 가끔 보고되고 있으나, 한국에서는 아직 보고된 적이 없다.

국내분포 및 생태

성충은 7월 하순부터 전국의 깊은 산 속에서 발견되는데, 10월 중순까지도 생존한다. 부속 도서를 제외한 전 한반도의 웬만큼 높은 산에는 거의 서식하는 것으로 보인다. 서식지 산의 능선이나 산 꼭대기 언저리, 또는 산 중턱의 소나무 숲 속에서 울음소리를 흔히 들을 수 있다.

여러 종류의 나무에 앉으나 솔잎에 특히 잘 앉는다. 울면서 비행하는 특이

한 습성을 가지고 있으며, 대개는 행동이 민첩하고 눈치가 빨라 채집하기가 쉽지 않다. 그러나 장소나 기상 조건에 따라 모든 개체가 잘 날지 않고 한 곳에 가만히 붙어서 우는 것도 관찰한 일이 있다. 해가 질 무렵에는 사방이 트인 산꼭대기나 능선 위로 올라와서 바위 위나 땅에 앉기도 한다.

나뭇가지에 산란한 알은 이듬해 7월경 부화하여 애벌레가 된다.

울음소리 울음소리는 "칫칫칫칫… 쩍 칫칫칫칫… 쩍 칫칫칫칫……." 또는 "치크치크치크… 쯧 치크치크치크… 쯧 치크치크치크……."로 들린다. "칫"이 1초에 5~8회 정도의 템포로 반복되어 풀매미에 비해 템포가 현저히 빠르다. 지역에 따라서는 낮에 나무 위에서 우는 중베짱이류와 서식 시기와 서식지가 겹쳐서 울음소리를 혼동하는 경우가 있으나, 호좀매미의 울음소리 중간중간에는 "쩍" 하는 소리를 내고 잠시 사이를 두는 특징이 있다.

호좀매미 수컷의 등쪽과 배쪽(경기도 연천군 고대산, 2003.8.15)

Biological notes   This species locally occurs in mixed forests of mountainous areas throughout the Korean Peninsula excluding the adjacent islands. Adults appear from late July to mid-October. They sit mainly on the branches or leaves (or needles) of various trees including pine trees (*Pinus densiflora*). They are wary, very active, and frequently fly to a new location, often at higher than 5 m above the ground. Males frequently sing-and-fly.

호좀매미

Male chirping   "Chichichichichi… tsuk (pause) chichichichichi… tsuk (pause) chichichichichi……". It is as though there are 5-8 repetitions of "chi" per second.

Distribution   Korea; China, Russia (Kurils, Sakhalin, Ussuri), Japan (Hokkaido).

호좀매미 암컷의 등쪽(경기도 천마산, 1999.8.5)

소나무 가지에 앉은 호좀매미(경기도 고대산, 2004. 9. 3)

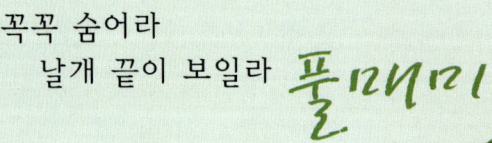

꼭꼭 숨어라 날개 끝이 보일라 **풀매미**

학명 *Cicadetta pellosoma* (Uhler, 1862)

최초 기록지 및 국외 분포 최초 기록지는 중국이며, 그 밖에 한국, 사할린을 포함한 극동 러시아에 분포한다.

한국 최초 기록 카토(Kato, 1925)가 '*Melampsalta pellosoma*'의 분포지로 '조선'을 명기한 것이 한국 최초 기록이다.

이름의 유래 '풀매암이'란 이름은 모리(Mori, 1931)의 글에 처음 등장하는데, 몸의 색채가 풀과 같은 녹색이라 그런 이름이 붙은 것 같다.

생김새 몸길이는 수컷이 16mm 내외, 암컷이 18mm 내외이고, 날개 끝까지의 길이는 수컷이 23mm 내외, 암컷이 24mm 내외로 한국산 매미 중에서 몸집이 가장 작다. 몸통 등쪽면은 검정 바탕이지만 반 이상이 연두색 무늬로 장식되어 있으며, 연두색 무늬의 발달 정도는 개체에 따라 차이가 많다. 몸 배쪽면은 눈과 입 부분을 제외하고는 거의 전체가 연두색이다. 수컷의 배딱지는 작고 둥근 형태이다. 날개는 투명하고 날개맥은 연두색이며, 날개맥에는 무늬가 없다.

풀매미를 건조 표본으로 만들어 두면 변색이 되어 연두색이 엷은 황갈색으로 변하는 것을 흔히 볼 수 있다.

국내분포및 생태 현재까지 알려진 남한의 채집지는 강원도 홍천군, 광덕산, 경기도 고령산, 서울 구파발, 진관사, 경북 불영계곡 등 몇 곳 되지 않는데, 그나마 요즘에도 풀매미를 채집할 수 있는 곳은 그 중에서도 두 곳에 불과하다. 다만 제주도에는 아직 많은 개체가 잔존해 있다. 성충은 5월 말에 출현하여 8월 초까지 보인다.

풀매미 수컷(제주도 제주시, 2002.7.10)

풀매미는 구름에 해가 가려 있을 동안에는 좀처럼 울지 않고 해가 나야 울기 시작하는 습성이 있다. 소리 나는 곳으로 다가가면 울음을 그치곤 하여 접근하기가 쉽지 않다. 살금살금 다가가 풀매미가 우는 바로 앞까지 겨우 접근하여 소리가 나는 곳을 아무리 살펴보아도 매미는 보이지 않는 경우가 대부분이다. 매미의 몸 크기가 워낙 작은데다가 풀과 같은 색으로 위장하고 있기 때문이다. 한 번의 비행 거리는 2~5m 정도이다.

울음소리 울음소리는 "칫 칫 칫 칫… 치짓 칫 칫 칫 칫 칫… 치짓 칫 칫 칫……." 또는 "채칵 채칵 채칵 채칵……." 하고 우는 것으로 들린다. 평균 1초에 "칫"이 4~5회 꼴이나, 템포가 일정하지 않고 때때로 변한다. 처음 울기 시작할 때에는 훨씬 빠르게 울다가 갈수록 점점 느려져서 일정한 템포가 된다. "칫 칫 칫……."을 계속하는 사이사이에 불규칙적으로 소리가 변형되어 "치짓"처럼 들린다. 한 번 울음을 지속하는 시간은 1분에서 5분 사이이며, 방해를 받지 않으면 계속해서 울음을 되풀이한다.

Biological notes   This species is found locally on grassy open lands of the Korean Peninsula and Jejudo Is. Adults appear from late May to early August. They sit mainly on grasses. Males usually sing during periods of bright sunlight.

Male chirping   A call begins with the introduction of "chiku chiku chiku chiku……" followed by the main theme of "tsit tsit tsit tsit… tsizit tsit tsit tsit tsit

풀매미 수컷의 등쪽
(강원도 광덕산, 2003.7.11)

실제크기

풀매미 수컷의 등쪽
(경기도 고령산, 2003.7.8)

풀매미 수컷의 등쪽과 배쪽(제주시 노형동, 1999.7.29)

tsit… tsizit tsit tsit tsit……". There are 4-5 repetitions of "tsit" per second, but the tempo of two males may differ from each other.

Distribution   Korea (incl. Jejudo Is.); China, Russia (Ussuri, Siberia, Sakhalin).

1. 나뭇잎에 붙은 풀매미 수컷(경기도 고령산, 1996.6.18)
2. 나뭇잎 위에 앉은 풀매미 수컷(경기도 고령산, 1996.6.13)
3. 풀줄기에 붙은 풀매미 수컷_실제크기(경기도 고령산, 1996.6.1)

꼬마 날쌘돌이
고려풀매미

학명 *Cicadetta isshikii* (Kato, 1926)
최초 기록지 및 국외 분포 함경남도 석왕사가 최초 기록지이며, 중국 동북부에도 분포한다.
이름의 유래 처음에는 '좀매미'란 이름을 사용하기도 했으나(Cho, 1946), '우리나라의 풀매미'란 뜻으로 조복성(Cho, 1971)이 '고려풀매미'로 개칭하였다. 북한에서는 지금도 '좀매미'라 부른다.

생김새 몸길이는 암수 공히 17mm 내외이고, 날개 끝까지의 길이는 23mm 내외로 풀매미와 비슷하다. 몸 등쪽면은 검정색이고, 신선한 개체에는 은빛 가루가 덮여 있다. 살아 있는 개체의 겹눈은 갈색이다. 가운데가슴 등에는 2개의 황갈색 또는 연두색의 점무늬가 가로로 있는 개체도 있고 없는 개체도 있으며, 이따금 점 대신 2개의 기다란 세로무늬를 가진 개체도 있다. 배 등쪽면은 마디의 경계가 주황색이다. 배의 배쪽면은 주황색 바탕에 검정 부분이 군데군데 있다. 날개는 투명하고, 앞날개 전연맥은 황갈색이거나 연두색이다. 날개를 접었을 때 암컷은 날개 끝 부분이 서로 닿아서 뾰족하게 된다.

고려풀매미의 외부 형태는 풀매미와 차이가 없고 색깔과 무늬만 틀리다. 최근 필자의 유전자를 이용한 계통 관계 분석과 체색의 개체변이 연구를 통해, 고려풀매미는 풀매미와 동일종이라는 주장에 무게가 실리고 있다(*cf. Lee et al.*, 2002; Lee *et al.*, 2004). 그러나 체색의 차이가 생기는 요인이 무엇인지는 아직 알아내지 못하고 있다. 위도나 고도는 그 요인이 아닌 것으로 생각되며, 애벌레 때의 먹이가 목본인지 초본인지 여부에 따라 체색이 다르지 않을까 추측할 뿐이다.

짝짓기 중인 고려풀매미
(강원도 영월군 남면, 1993.7.2)

국내분포 및 생태 성충은 5월 중순에서 8월 사이에 출현하여 한반도 전역에 국지적으로 분포하며, 대체로 시골의 평지나 낮은 산지의 양지바른 곳에 많이 서식한다. 서식지에서의 개체수는 많은 편이다. 풀매미가 초본에 주로 앉는 데 비해 고려풀매미는 관목이나 키 작은 나무의 가지에 주로 앉는다. 이것은 몸의 색과 관련이 있는 듯하다. 눈치가 빨라 사람의 접근을 좀처럼 허용하지 않으며, 위협을 느끼면 재빨리 날아가 버린다. 울고 있는 도중에 놀라면 울음을 계속하면서 날아가는 것이 호좀매미의 습성과 비슷하다. 암컷은 발견하기가 매우 어렵다.

1993년 7월 2일 영월군 남면에서 짝짓기 모습을 관찰할 수 있었다. 암컷을 찾기 위해 돌아다니다가 이상하게 찌그러지는 듯한 고려풀매미의 울음소리가 나서 찾아가 보니 수컷과 암컷이 근접해 있었고, 곧 이어 짝짓기를 시작했다. 짝짓기는 수컷과 암컷의 몸이 V자를 이루며 행해졌다.

울음소리 울음소리는 풀매미와 구분하기 어려울 만큼 흡사하게 "칫 칫 칫……." 하고 울지만, 더욱 금속성을 띤다.

Biological notes This species is found locally on grassy open lands and woodland clearings throughout the Korean Peninsula excluding the adjacent islands. Adults appear from mid-May to early August. They sit mainly on the branches of shrubs and sometimes on grasses. Males often sing-and-fly.

Male chirping "Chiku chiku chiku chiku… tsit tsit tsit tsit… tsizit tsit tsit tsit tsit tsit… tsizit tsit tsit tsit……". The tone is hardly distinguishable from that of *C. pellosoma* but is more metallic.

Distribution Korea; China.

고려풀매미 수컷의 등쪽
(강원도 광덕산, 2003.7.11)

고려풀매미 수컷의 등쪽
(강원도 광덕산, 2003.6.10)

실제크기

고려풀매미 수컷의 등쪽
(강원도 영월군 남면, 1986.5.25)

루드베키아의 줄기에 앉은 고려풀매미 수컷(강원도 백담사, 1994.7.12)

잣나무 잎에 앉은 고려풀매미 수컷
(강원도 평창군 원동재, 1994.6.16)

나무줄기에 앉은 고려풀매미 수컷
(강원도 영월군 남면, 1993. 7. 2)

대만의 '귀신저녁매미'를 찾아서

필자는 대만에 분포하는 매미의 분류학적 정리를
위해 대만을 여섯 차례 방문하여 여행하면서
그곳에 사는 갖가지 매미를 채집하고 관찰하였다.
그 결과를 2003~2004년에 3개의 논문에
총 55종으로 정리하였다.
대만 여행 중 매미 관찰 기록과 함께 당시에
겪은 에피소드를 일기 형식으로 기록하였는데,
이 중에서 가장 인상 깊고 가장 중요하게 생각한
'귀신저녁매미류'(귀신저녁매미, 호리귀신저녁매미,
초록귀신저녁매미)에 대한 이야기만 발췌하여
여기 소개한다.

작은 가지에 앉은 한국산 참깽깽매미

대만의 '귀신저녁매미'를 찾아서

그 라인더로 칼을 가는 소리, 그 것이 매미 소리?

대만 제2차 원정 여행 때인 1999년 6월 21일 난터우(南投)현의 뤼산(廬山)온천에 갔을 때였다. 뤼산온천 주위에서 채집을 마치고 버스정류장을 지나 걸어가고 있는데 옆 언덕 위의 그다지 높지 않은 나무에서 쇳소리처럼 날카로운 "으아 —— 으아 ——" 하는 소리가 들렸다. 마치 그라인더로 칼을 가는 소리 같았다. 처음에는 옆 공사현장에서 나는 기계소리인 줄 알았으나 곧 이것이 매미소리라는 것을 깨달았다. 그러나 그곳까지는 올라갈 수 있는 길이 없어 안타까운 마음으로 멀리서 그 나무를 한동안 바라보기만 할 수밖에 없었다.

'전설의 고향'에 나오는 귀신의 웃음소리

다음 날에는 타이페이(臺北)현의 우라이(烏來)라는 곳에 들렀다. 케이블카를 타고 윈셴(雲仙)낙원에 들어가면 유원지 한 편에 널찍한 숲이 있었다. 이곳에는 많은 종의 매미가 살고 있었지만, 내가 특히 흥분한 까닭은 바로 어제 뤼산온천 버스정류장 부근에서 들었던 날카로운 "으아—— 으아——" 소리와 비슷한 소리가 여기에서도 들린다는 사실 때문이었다. 그런데 오늘 들리는 소리는 그라인더로 칼 가는 소리와 음색은 비슷했지만 중간 중간이 끊어지는 소리여서 '전설의 고향'에 나오는 귀신의 웃음소리처럼 "키 키 키 키⋯⋯."했다. 비가 추적추적 내리는 컴컴한 숲 속에서 이런 소리를 들으니 등골이 오싹했다.

이놈들은 내가 서 있는 널찍한 숲으로는 잘 들어오지 않고 주변의 깊은 숲 속에서 많이 울고 있었기 때문에 접근이 곤란했다. 그러나 한참을 다른 종류 채집에

열중한 사이 이따금씩 근처로 날
아와 울었기 때문에 수컷 두 마리
를 겨우 채집할 수 있었다. 울음소
리는 귀신 같지만 보기에는 예쁘
게 생긴 귀신저녁매미(신
칭)(*Tanna sozanensis* Kato, 1926)
였다. 뤼산온천에서 잡은 애저녁

우라이 윈셴낙원 내의 숲

매미(신칭)(*Tanna viridis* Kato, 1925)보다 크기가 더 큰 종이었다.

제3차 원정 때인 2000년 6월 24일에 다시 한번 우라이를 찾았다. 1999년에 머물렀던 숲에서는 역시 귀신저녁매미가 주변에서 울고 있었는데, 특히 18:00~18:30 사이에 활발한 행동을 보였다. 18:30이 넘어가자 울음소리가 점점 적어지기 시작하여 18:46이 지나자 완전히 사라져 버렸다.

이튿날 아침 06:15 밖에 나가 보았더니 벌써 털매미가 울고 있었고, 멀리서 귀신저녁매미 한 마리의 울음소리도 들려왔다. 위쪽의 깊은 숲으로 올라가 보니 귀신저녁매미의 울음소리가 더 많이 들렸다. 소각장으로 올라가다가 나무에 소리 없이 앉아 있는 귀신저녁매미 수컷 한 마리를 채집했다(09:45).

귀신저녁매미 수컷   애저녁매미 수컷

"(넌) 죽 었다, 죽 었다, 죽 었다…… 키키키키…"

저녁에 난터우현의 르웨탄(日月潭)에 도착했다. 캄캄한 중에 르웨탄에 내렸지만 이곳 분위기가 작년과는 많이 다른 것을 느낄 수 있었다. 무엇보다도 르웨탄 입구의 큰 호텔(天廬大飯店)이 있던 자리가 휑하니 비어 있었다. 식당에서 저녁식사를 하며 물어보니 작년 9. 21 대지진 때 호텔이 무너져 내렸다고 했다. 식사를 마치고 작년에 묵었던 다이아몬드 호텔(鑽石樓大飯店)을 찾아가니 그 자리 또한 공터가 되어 있었다. 하는 수 없이 정류장 건너편의 다른 호텔(蜜月樓別館)에 들어갔다. 오늘은 지진이 일어나지 않기를 간절히 바라며 잠자리에 들었다.

다음 날 아침 일찍 작년에 만났던 곤충 판매상을 찾아보려고 그가 아침식사를 만들어 팔던 가판대를 찾아보았으나 길가에 노점상은 한 명도 보이지 않았다. 평일이기 때문이거나 작년 9월의 대지진 후유증으로 손님이 급감한 탓일지도 몰랐다. 기억을 더듬어 작년에 가 본 그의 집을 찾아 다녀보았으나 비슷한 집을 찾을 수가 없었다.

호텔 건너편 구멍가게에서 요기를 하면서 주인아줌마에게 혹시 이 근처에 사는 곤충 채집하는 사람을 아는지 물어보니 이름(賴建宏)을 가르쳐 주며 그에게 전화를 걸어 나를 바꿔주는 것이었다. 라이(賴)씨는 내가 누군지 알아보고 당장 차를 몰고 달려왔다.

라이씨의 집으로 동행하면서 알게 된 사실은 그의 집도 무너져 버렸다는 것이다. 차로 지나가면서 그가 가리킨 예전 집터는 그저 맨 콘크리트 바닥만 남아 있었다. 그의 새 집은 숲 속으로 구불구불 난 길을 따라 한참을 가서야 나타났고 그것은 슬레이트 지붕을 얹은 간이 주택에 불과했다. 그러나 시간이 많이 흘렀기 때문인지, 그저 운명으로 받아들인 것인지, 아니면 원래 감정 표현을 잘 안 하는 사람이기 때문인지, 그의 표정은 담담했다.

그가 보여준 매미 표본은 작년보다 훨씬 많았다. 작년에는 없던 저녁매미류의 표본들도 있었다. 두 종이었는데 하나는 애저녁매미였고 또 하나는 귀신저녁매미와 비슷하게 생긴 호리귀신저녁매미(신칭)(*Tanna taipinensis* (Matsumura, 1907))였다. 모두 해발 700m 이상에서만 나고 홍차시험소 근처에서 밤에 불빛을 보고 날아온 것이었다고 했다.

저녁매미류를 잡으려면 홍차시험소에 가야 했다. 고맙게도 라이씨가 그곳까지 태워 주었다. 길은 홍차시험소를 지나 산 위쪽으로 이어지고 있었다. 시험소 건물 바로 위쪽에 길가로 커다란 나무들이 늘어선 곳에 내렸다(08:20). 라이씨는 그 위쪽으로는 매미가 없다고 알려 주었다.

길가에 선 큰 나무들의 줄기와 가지들을 훑어보니 나발통매미(신칭)(*Pomponia linearis* (Walker, 1850))와 호리귀신저녁매미들이 소리 없이 앉아 있었다. 호리귀신저녁매미 수컷 두 마리, 암컷 한 마리를 채집할 수 있었다. 길을 따라 위로 더 올라가 보았으나 라이씨 말대로 매미가 더 없는 것 같았다.

점심을 해결하기 위해 11:40 그곳을 떠나 걸어 내려오니 라이씨가 어디선가 차를 몰고 나타났다. 호텔 옆의 식당까지 태워주어 혼자 밥을 먹고 나서 12:20 다시 시험소를 향해 터덜터덜 걸어가기 시작하는데 라이씨가 다시 나타나 시험소의 농구장까지 태워다 주었다(12:38). 그는 오늘 저녁에 우서(霧社)로 가서 갑충 채집을 할 것이라며 오늘 매미를 잡게 되면 내일 아침에 주겠노라고 하고는 차를 몰고 돌

호리귀신저녁매미 수컷

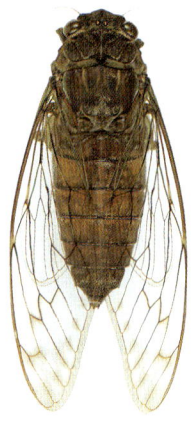
나발통매미 수컷

아갔다. 길을 따라 위쪽으로 걸어 올라가는데 멀리서 귀신저녁매미의 합창 비슷한 것이 들려왔다.

오전에 머무르던 곳으로 돌아왔다. 큰 나무들을 훑으면서 호리귀신저녁매미 암컷 두 마리를 추가했다. 길 위편에서 귀신저녁매미의 합창 비슷한 것이 가까운 곳에서 들려왔다. 잘 들어 보니 귀신저녁매미의 울음소리와는 약간 달랐는데, 이것이 바로 호리귀신저녁매미의 울음소리였다. 음색은 귀신저녁매미와 비슷했으나 "키 키 키 키… 키키키키…"가 아닌 "치카 치카 치카 치카… 키키키키…"로 들렸다. 합창은 7~8분 이어진 후 사라져 버렸다.

13:55 갑자기 해가 들어가면서 약간 어두워지자 호리귀신저녁매미의 울음소리가 또 들려왔다. 그러더니 이내 또 잠잠해졌다. 호리귀신저녁매미의 울음소리는 라이씨가 매미가 없다고 한 위쪽에서 많이 들렸기 때문에 아무래도 위쪽을 자세히 살펴보아야겠다고 생각했다. 얼마 안 가 왼쪽으로 넓고 경사진 차밭이 나왔다. 차밭 앞으로는 흙길이 나 있고 흙길 가로는 삼나무 같은 침엽수가 나란히 심어져 있었다.

15:10경이 되자 차 밭 입구 도로 가의 숲 속에서 호리귀신저녁매미의 울음소리가 시끌벅적하게 나기 시작했다. 어떻게 들으면 "(넌) 죽었다, 죽었다, 죽었다… 키키키키…"로 들리기도 했다. 울고 있는 놈들 중 한 마리를 채집할 수 있었다. 몰려온 울음소리는 금방 어디론가 사라져 버렸다.

도로 가에서 호리귀신저녁매미의 울음소리가 또 한 번 지나갈 때 수컷 두 마리를 채집했다. 차밭 흙길을 따라 깊숙이 들어간 곳의 침엽수 줄기에 소리 없이 앉아 있는 호리귀신저녁매미를 발견하고 채집했다. 탈피한 지 얼마 되지 않은 것으로 보였다.

지금까지 본 바에 의하면, 호리귀신저녁매미는 잡목이 얽히고설킨 어두컴컴한 숲 속의 나무에서만 울었고 아래쪽의 큰 나무들에서 우는 것은 거의 보지 못하였다. 위쪽에는 매미가 없다는 라이씨의 말을 그대로 믿었더라면 호리귀신저녁매미의 울음소리를 확인하지 못했을 것이다. 내려오다가 큰 나무줄기에서 짝짓기 중인 호리귀신저녁매미 한 쌍을 채집했다.

초록 귀신저녁매미를 추적하다

라이씨가 전날 저녁 우서에서 잡은 매미를 내게 준다고 했기 때문에 이튿날 아침에 전화를 걸었다(07:30경). 금방 달려온 라이씨는 몇 마리의 매미를 건네주었다. 그 중 두 마리는 처음 보는 저녁매미류인 초록귀신저녁매미(신칭)(*Tanna sayurie* Kato, 1926)의 암컷이었다. 모두 우서에서 차로 30분 정도 더 올라간 지점인 칭칭(青青)초원에서 밤에 불에 날아온 것을 잡은 것이라 했다. 오늘은 이 초록귀신저녁매미를 잡기 위해 칭칭초원으로 행선지를 정했다.

칭칭초원을 지나 산장이 몇 개 있는 곳에서 내려(11:47), 바로 오른편에 있는 산장(娜魯彎渡假木屋)으로 들어갔다. 정원이 잘 꾸며져 있고 분수대도 있는 분위기 좋은 산장이었다. 주변에 복숭아 과수원이 있는 그곳은 해발 2,000m 정도의 고지로 주위가 탁 트여 멀리 높은 연봉이 보이는 아름답고 조용한 곳이었다. 그리 덥지도 않고 바람도 살랑살랑 불어 시원했다. 주인 여자와 중국어가 잘 안 통하자 남자가 나왔는데 영어를 할 줄 알았다. 객실은 단층 목조 건물에 있고 객실 내부도 아늑하니 잘 정돈되어 있었다. 침대 위의 이불은 매우 두꺼워 이곳의 밤중 기온을 짐작하게 했다. 주인 남자의 도움을 받아 라이씨에게 전화를 걸어 자세히 물어보니 그가 어젯밤 매미를 잡은 곳은 산장에서 길을 따라 500m 정도 내려간 주차장 주위의 환한 불빛 아래라고 한다.

여주인이 점심을 준비하는 동안 12:20~12:40 주위를 잠시 둘러보았다. 산장 바로 옆에는 르웨탄에서 본 침엽수들이 매우 높이 솟아 있었는데, 침엽수 줄기에 앉아 있는 저녁매미류로 보이는 암컷 한 마리를 발견했으나 포충망을 펴는 사이 날아가 버렸다.

점심 식사 후 14:03 칭칭초원 주차장에 도착했다. 그런데 주차장 주위에서는 라이씨가 이용했음직한 전등을 찾을 수 없었다. 주차장은 칭칭초원에 놀러 온 고객들을 위한 주차장이고, 그 옆으로 산길이 나 있고 그 바깥쪽은 숲이었다. 산길과 칭칭초원은 철사로 만든 울타리로 구분되어 있었다. 칭칭초원 안으로 들어갔다. 저녁매미류의 울음소리는 전혀 들리지 않았고, 봄매미류가 울지 않으면 한동안 주위가 조용하였다.

초원 안의 목재 놀이기구에 앉아 있던 저녁매미류 암컷 한 마리가 날아올라 추적하였으나 놓치고 말았고, 초원 밖 산길 가의 나무에 앉아 있는 수컷 한 마리를 발견하고 포충망으로 덮쳤으나 덮친 후에도 가만히 있다가 뒤늦게 날아 망 밖으로 도망가 버렸다. 맨손으로 시도했으면 잡을 수 있었는데 무척 아쉬웠다. 초록귀신저녁매미였는지도 모르기 때문이다. 초원 안에 듬성듬성 서 있는 나무들의 줄기에는 저녁매미류의 것으로 보이는 탈피각이 여러 개씩 붙어 있었다. 점점 어둑어둑해져 가는데 저녁매미류의 울음소리는 아직도 들려오지 않았다. 르웨탄에서 녹음한 호리귀신저녁매미의 울음소리를 틀어 이곳 저녁매미류의 울음을 유도해 보려 했지만 반응이 없었다.

초록귀신저녁매미 수컷

작년 뤼산온천에서 들었던 애저녁매미의 울음소리가 멀리서 들리기 시작했다. 얼른 시계를 보니 18:45이었다. 거의 동시에 높은 금속성 연속음인 "으아———" 소리도 숲 속에서 나기 시작했다. 이제야 작년 뤼산온천을 떠나면서 들었던 그 소리는 귀신저녁매미의 단절음이 아닌 바로 이 초록귀신저녁매미의 연속음이었다는 사실을 깨달았다. 애저녁매미의 울음소리는 초원의 트인 곳에서도 많이 났으나 초록귀신저녁매미의 울음소리는 숲 속에서만 나고 숲 밖으로는 나오지 않아 접근할 수가 없었다. 지금까지 채집해 본 애저녁매미, 귀신저녁매미, 호리귀신저녁매미 등은 모두 한꺼번에 몰려 다니면서 우는 습성을 보였지만, 초록귀신저녁매미는 자리를 잘 옮기지 않는 것 같았다.

19:10경이 되자 저녁매미류 두 종은 거의 울음을 그쳤다. 각각 한 마리씩만 멀리서 울음을 계속했다. 아직 한 마리의 울음

칭칭초원의 내부전경

이 완전히 그치지 않았으나 19:15 그곳을 떠났다. 오늘 저녁매미류 두 종이 울음소리를 낸 시간은 30분 정도밖에 되지 않았다. 컴컴해져서 채집이 불가능한 시간을 제하면 15분 남짓에 불과했다. 날씨가 맑지 않고 흐리거나 비가 내렸다면 낮 시간에도 울지 않았을까 생각되었다. 그렇다면 오늘은 낮 시간을 막연히 울음소리만 기다리며 몽땅 허비한 셈이다.

19:23 산장으로 돌아오니 주인 얘기가 방금 전 저녁때 길게 이어지는 매미소리가 산장 옆 높은 나무에서 났다고 한다. 오늘 녹음한 초록귀신저녁매미의 울음소리를 들어주면서 확인해 보니 바로 그것이라 했다. 낮에 산장 주위에서 놓친 암컷이 바로 초록귀신저녁매미였던가?

야간채집

샤워 후 밖으로 나와 칠흑 같은 어둠 속에서 도로를 따라 칭칭초원 쪽으로 걸어 내려갔다. 집에서 짐을 쌀 때 내가 미처 준비 못한 손전등을 아내가 챙겨 주었는데 이것이 없었다면 어둠 속에서 고생할 뻔했다. 고개를 들어 보니 밤하늘의 모습이 정말로 장관이었다. 1979년 7월 한라산 윗세오름에서 밤을 보내며 본 별들보다는 조금 못했지만 1981년 8월 대청봉에서 본 별들보다는 더 많은 것 같았다. 사방이 완전히 캄캄하여 칠흑 그 자체인지라 차가 이따금씩 지나갈 때마다 위험

을 느껴 도로 한쪽으로 비켜섰다. 칭칭초원 정문 근처에는 역시 불빛이 전혀 없었다. 그러나 길 아래쪽 200m 정도에 노란 외등이 하나 서 있는 것을 발견하고 그리로 내려갔다(20:50).

외등 밑에서 기다리고 있으려니 공기가 서늘하여 한기가 돌았다. 샤워 후 러닝셔츠를 속에 입은 것이 그나마 다행이었다. 불빛이 별로 환하지도 않고 백색 등도 아니어서 벌레가 많이 오지 않았다. 라이씨가 말한 환한 불빛은 아마도 이곳이 아닐 것이다. 벌레들도 오지 않고 추위가 심해져서 산장으로 돌아가기 위해 21:45 그곳을 떠났다. 그런데 올라가다 보니 칭칭초원 정문 앞 주차장 주위가 훤하게 보였다. 내가 미처 발견하지 못했던 전등이 이제야 켜진 것일까 하고 발걸음을 재촉하였다. 그런데 놀랍게도 주차장에는 라이씨가 그의 동료와 함께 가져온 발전기로 수은등을 환하게 켜놓고 벌레를 잡고 있었다. 물어보니 어제도 동일한 방법으로 벌레를 잡았다고 한다. 나의 중국어가 부실한 탓에 말을 잘못 알아들었던 것이다.

라이씨는 이미 매미를 세 마리 잡아놓고 있었다. 그러나 안타깝게도 모두 초록귀신저녁매미가 아닌 애저녁매미 수컷이었다. 한동안 기다렸으나 매미도 사슴벌레도 오지 않았다. 라이씨는 어제 매미를 잡은 시각이 19:30~20:00이었다고 하면서 사슴벌레가 오지 않는 것은 날씨가 추워서 그런 것 같다고 했다. 22:25경 드디어 매미가 날아왔다. 그러나 이번에도 초록귀신저녁매미는 아니었다. 뒤늦게 사슴벌레류도 몇 마리 날아왔다. 채집이 신통치 않자 라이씨는 23:00경 장비를 걷고 철수를 했다. 나도 산장으로 돌아왔다.

다시 한번…

이튿날 아침에 눈을 떴지만 공기가 차서 이불 밖으로 나오기 싫어 뭉그적거리다 07:00경 이불 밖으로 나왔다. 내일 귀국을 해야 하기 때문에 오늘은 여기서 묵을 수 없다. 그렇지만 초록귀신저녁매미 수컷을 한 마리라도 잡아야 했다. 그러나 오늘 날씨도 역시 해가 쨍쨍 내리쬐는 날씨이다. 길 위쪽을 살펴보았으나 매미를 발견할 수 없었다. 10:30경 칭칭초원으로 내려갔다.

초원에서 나무들을 뒤지다가 애저녁매미 수컷으로 보이는 것을 발견했으나 놓치고 말았다. 진지(錦吉)곤충관의 로(羅錦吉)씨를 우연히 만나 그가 경영하는 곤충관으로 함께 갔다(13:17). 매미 표본 29마리를 골라 구입했다. 비닐로 싼 이 표본들 중에 초록귀신저녁매미의 표본도 섞여 있기를 빌었다. (나중에 집에 돌아와 살펴보니 색이 바라긴 했지만 수컷 한 마리가 포함되어 있었다.)

라이씨에게 전화를 걸어 오늘밤엔 어디로 갈 것인지 물어보았더니 19:00경에 칭칭초원으로 갈 것이라 했다. 그곳에서 만나기로 하고, 곤충관의 식당에서 늦은 점심을 먹은 후 버스를 타고 17:45 칭칭초원 주차장 앞에서 차를 내렸다.

안개가 약간 낀 듯하고 해가 나지 않아 어제보다 주위가 어두웠으나 저녁매미류의 울음소리는 역시 들리지 않았다. 어제 녹음해 둔 초록귀신저녁매미의 울음소리를 틀어서 울음을 유도해 보았으나 역시 소용이 없었다. 30분간의, 아니 캄캄해지기 전 15분간의 매미와의 결전을 준비하면서 비장한 마음으로 초록귀신저녁매미가 울음을 시작하기를 기다렸다.

날씨 탓인지 오늘은 애저녁매미의 울음소리가 조금 이른 18:34에 시작되었다. 그러나 초록귀신저녁매미의 울음소리는 오늘도 어김없이 18:46에 시작되었다. 자세히 관찰해 보니 자리를 옮기기도 하지만 거의 한 자리를 고수했다. 숲 쪽으로 귀를 고정하고 길을 죽 따라 올라갔다 내려갔다 해 보니 울음소리가 끊어지지 않게 계속 다른 녀석이 넘겨받는 것을 들을 수 있었다. 그만큼 개체수도 꽤 되는 것 같았다. 그러나 숲 속에서만 머물고 길가로는 전혀 나오지 않아 채집은 불가능했다.

19:05이 되자 바로 옆에 있는 물체도 보이지 않을 정도로 어두워졌다. 애저녁매미의 울음소리는 그쳤으나 초록귀신저녁매미의 울음소리는 아직 계속되었다. 마지막 한 마리의 울음소리가 19:17 멈추었다.

19:00에 오기로 한 라이씨가 나타나지 않는다. 주차장 한 귀퉁이에 서서 기다렸다. 주위에는 완전히 어둠이 내려 한 치 앞도 보이지 않았다. 그 어둠 속에서 한참

을 서 있으려니 이게 무슨 한심한 짓인가 하는 생각이 들었다. 그는 20:15이 되어도 나타나지 않았다. 아무래도 오지 않을 것 같아 산장으로 올라가서 전화를 빌려 연락해 보았다. 그는 차를 부친께서 쓰시는 바람에 오지 못하게 되었다며 미안해했다. 하는 수 없이 내년에 만날 것을 약속하고 밖으로 나왔다. 산장 주인은 오늘 저녁에도 바로 산장 근처의 나지막한 곳에서 그 매미가 울었다고 했다. 차라리 이곳이 초록귀신저녁매미를 잡기에는 더 좋은 장소라는 생각이 들었다.

산장 주인인 첸(陳)씨는 알고 보니 우서의 경찰관이었다. 마침 근무 나가는 길이어서 차를 얻어 타고(20:36) 우서를 향해 내려갔다. 가는 도중 첸씨가 차를 내리더니 지나가는 대형 트레일러를 잡아주어 푸리(埔里)까지 갈 수 있었다.

호리귀신저녁매미와 재회

이듬해에 떠난 제4차 원정에는 박해철 박사와 김태우씨가 동행하였다. 2001년 7월 7일 밤 20:10 르웨탄에 도착하여 작년에 라이씨를 찾는 데 도움을 받았던 가게에 들려 보았다. 이번에도 여주인이 반가이 맞으며 라이씨에게 전화를 걸어 주었고 그의 집을 가르쳐 주었다. 라이씨의 집은 그새 길가로 이사했다. 1층 한켠에 판매용 갑충과 나방 표본들을 전시해 놓고, 장수말벌 수십 마리로 담근 술도 팔고 있었다. 반갑게 인사를 나눈 뒤 배가 고픈지라 바로 옆 식당에서 저녁식사를 하고 나서 다시 그의 집으로 가니, 라이씨가 어젯밤에 칭칭초원에서 채집한 살아 있는 초록귀신저녁매미 수컷 두 마리, 암컷 한 마리와 애저녁매미 수컷 두 마리, 암컷 여섯 마리를 가지고 왔다.

이튿날 08:45경 훙차시험소 입구로 들어섰다. 시험소 건물을 지나 호리귀신저녁매미가 잘 앉는 붉은색 줄기의 나무가 길가에 연이어 서 있는 지점까지 도달했다(해발 약 800m). 맨 아래쪽의 나무에 호리귀신저녁매미가 많이 앉아 있었으나 틈새로 잘도 도망치는지라 암컷 한 마리 외에는 채집할 수 없었다. 아이와 손잡고 바람 쐬러 온 어느 키 작고 뚱뚱한 남자가 내가 나무마다 유심히 살펴보며 다니는 것을 보고는 손가락으로 나무 여기저기를 연달아 가리키는데 그때마다 그곳엔 매미가 붙어 있었다. 참으로 눈이 밝은 사람이었고, 나무를 올려다볼 때마다 안경에 김이 서리는 나로서는 매우 부러운 노릇이었다. 붙어 있는 매미들은 호리귀신저녁매미와 나발통매미 두 종이었는데, 나발통매미는 쉽게 잡혔지만 호리귀신저녁매미는 포충망의 틈새를 잘도 빠져 도망갔기 때문에 잡을 수가 없었다.

이미 위쪽으로 올라가 버린 박 박사와 김태우씨를 찾아 올라가다가 10:40 길가 작은 삼나무에 앉아 있던 호리귀신저녁매미 수컷 한 마리를 채집할 수 있었다. 10:46 역시 삼나무에서 호리귀신저녁매미 암컷 한 마리를 채집했다.

두 사람은 차밭으로 들어가는 입구에 있었다. 혼자 차밭 입구로 나와 작년에는 가보지 않았던 길 위쪽으로 계속 올라가 보았다. 건물이 한 채 보이는 곳까지 도달했으나 더 이상 올라갈 필요가 없을 것 같아 되돌아 내려왔다. 내려가는 길에 붉은 줄기 나무에 앉은 호리귀신저녁매미 수컷 한 마리를 채집했다.

칭칭초 원과 초록귀신저녁매미

오후에는 라이씨와 칭칭초원으로 야간채집을 떠났다. 빗줄기가 굵어져 사정없이 차창을 내리치며 줄줄 흘러내렸다. 라이씨 동료가 건네준 음료수로 각자 갈증을 달래며 세 명은 뒷자리에 별말 없이 웅크리고 앉아 비가 오는 밖을 내다보았다. 안개가 자욱해져 앞이 잘 보이지 않았으나 칭칭초원에 가까워지자 안개가 걷히고 시야가 훤해졌다. 그러나 비는 계속 내리고 있었다.

비 때문에 야간채집을 할 수 없는 상황이 되자 라이씨는 우리 세 사람을 산장에 내려놓고 서둘러 집으로 돌아갔다. 산장 주인 첸씨는 처음에는 나를 알아보지 못했지만 작년 얘기를 하니 금세 기억해 냈다.

방에 들어가 짐을 정리하고 샤워를 한 후 혼자 밖으로 나와 정원에 있던 첸씨와 얘기를 나누었다. 내가 작년에 묵었던 방이 식당으로 변했다고 하자, 작년 8월에 큰 태풍이 불어 그쪽 객실이 모두 날아가 버리고 말았다는 놀라운 소식을 전해 주었다. 객실이 있던 자리에 식당을 만들고, 산장 뒤편으로는 새로운 건물을 만들어 객실로 이용하고 있노라고 했다. 길 건너 언덕 위의 호텔은 3, 4층이 모두 날아가 버렸다고 한다. 첸씨는 작년 내가 오기 전 지진이 있었고, 내가 간 후 큰 태풍이 있었다고 하면서 나더러 운이 좋은 사람이라며 껄껄 웃는다. 밤에 산장 주위의 불빛을 돌아다니며 살펴보았지만 매미는 없었다.

2001년 7월 9일 동틀 무렵 애저녁매미가 산장 주위에서 여러 마리 울고 지나갔다. 08:50 아침식사를 마치고 칭칭초원으로 걸어 내려갔다. 초원의 주차장에는 작년과 달리 관광버스로 꽉 차 있었고 많은 사람들이 초원에 놀러 와 있었다.

09:45경 주차장 아래쪽 길가의 작은 숲에서 애저녁매미 여러 마리가 울었다. 도로변에 소로가 있어 들어가 보니 여러 마리가 나무들에 붙어 있다가 인기척에 한 마리씩 날아 도망갔다. 울고 있던 수컷 한 마리와 암컷 한 마리를 채집할 수 있었다. 그러나 초록귀신저녁매미의 울음소리는 나지 않았다.

별 소득 없이 산장에 돌아오니(13:35) 잠시 후 컴컴해지며 빗방울이 하나 둘 떨어지기 시작했다. 점심을 먹고 비가 그쳤을 때 첸씨에게 도로를 따라 다위링(大禹嶺) 방향으로 가다 보면 대만대학 연습림이 나오지 않는가 물어보니, 있기는 하지만 일반인은 들어갈 수 없는 곳이라고 하면서 그 앞에 있는 국유림 숲길이 채집하기 더 좋을 것이라고 하였다. 첸씨가 친절하게도 차로 안내를 해주어 14:18 산장을 출발하여 14:25 우측으로 난 숲길 입구에 도착했다. 나무가 빽빽이 들어차 있는 어두컴컴한 숲길을 따라 천천히 걸어 올라갔다. 초록귀신저녁매미를 기대했으나 매미 울음소리는 전혀 들리지 않았다. 한참을 걸어 올라가니 길이 두 갈래로 나뉘는 지점에 이르렀다. 그때 갑자기 비가 내

칭칭초원 울타리 밖의 초록귀신저녁매미가 우는 숲과 산길

리기 시작하더니 금세 폭우로 바뀌었다.

급히 길을 되돌아 내려가니 박 박사가 나무 아래 비를 피하고 있었다. 김태우 씨도 그곳으로 올라와 같이 서서 비를 피했다. 빽빽한 나무 밑에 서 있는 세 사람 위에 굵은 빗방울이 후두두둑 떨어졌다.

그러고 서 있는데, 15:05 숲길 위에서 트럭 두 대가 연달아 내려왔다. 비가 그칠 것 같지 않아 산장으로 돌아가려고 앞차에게 태워 달라고 하니 우리와는 목적지가 반대 방향이라 숲길 입구까지만 태워 주겠다고 했다. 그런데 뒤차는 그냥 타라고 했다. 뒤차의 짐칸에 세 사람이 올라타고 숲길을 내려갔다. 트럭은 차도에 이르러 산장 쪽으로 좌회전하더니 산장 가까이에 우리를 내려놓고는 유턴하여 도로를 거슬러 올라갔다. 그들은 목적지와는 반대 방향으로 가면서까지 우리를 태워 준 것이다. 대만인들의 친절함을 다시 한 번 느끼는 순간이었다.

트럭에서 내려 터벅터벅 걸어 내려오니 15:48 산장에 이르렀다. 비도 오고 해서 대만식 커피를 마시며 한동안 휴식을 취하였다. 비는 다시 그쳤다. 라이씨에게 전화로 확인해 보니, 야간채집을 위해 청청초원으로 가는 중이라고 하여, 우리도 칭칭초원으로 내려갔다(17:30).

칭칭초원 일대에는 안개가 끼어 있었고, 초원 안에서 애저녁매미 두세 마리가 울고 있었으나 접근하기 어려운 높은 곳에 있었다. 18:10 드디어 라이씨가 도착했다. 18:25이 되자 드디어 숲에서 "끼―――――"하는 초록귀신저녁매미의 울음소리가 나기 시작했다. 그러나 역시 길가로는 나오지 않았기 때문에 세 명이 있어도 잡을 수 없어 소리 나는 숲 속을 쳐다보기만 했다. 단 한 번 길가에 근접한 나무에서 소리가 난 하였으나 이미 주위가 컴컴해져 찾을 수가 없었다. 김태우 씨가 손전등을 비추고 내가 망으로 그 나무를 훑어보았다. 내가 보기엔 기척이 없었으나, 김태우 씨는 매미 같은 것이 날아가는 것을 보았다고 한다. 19:00가 되어 물체를 분간하기 어려워졌을 때 주차장으로 내려가 라이씨가 수은등을 설치해 놓은 곳으로 갔다.

19:10 처음으로 날아온 매미는 애저녁매미 암컷이었다. 19:15 초록귀신저녁매미 수컷과 애저녁매미 암컷이 한꺼번에 왔다. 19:17 애저녁매미 암컷, 19:19 초록귀신저녁매미 수컷, 19:21 애저녁매미 암컷, 19:24 애저녁매미 암컷, 19:33 애저녁매미 암컷이 날아왔다. 라이씨 말대로 19:30이 저녁매미류가 날아오는 시한인 듯 더 이상 저녁매미류가 날아오지 않았다. 그러나 20:10 애저녁매미 암컷 한 마리가 날아왔다. 21:30 애저녁매미 암컷이 또 한 마리 날아왔고, 21:43 박 박사가 스크린에서 5m 정도 떨어진 주차장 바닥에서 애저녁매미 암컷을 발견했다. 채집을 마치고 라이씨의 차를 얻어 타고 르웨탄으로 돌아왔다.

수이서에서

2001년 7월 10일 아침 수이서(水社)로 갔다. 매우 화창한 날씨였다. 숲길을 접어들어 조금 들어가니 개활지가 나왔고 개활지를 지나니 계류 옆으로 난 숲길로 들어서게 되었다. 계류에서는 물두꺼비들이 "낑 낑", "꾸르륵 꾸르륵……." 하며 울고 있었다.

숲길에 들어서자마자 왼쪽의 나무에 붙은 호리귀신저녁매미 수컷 한 마리를 발견하여 채집했고(10:28), 조금 더 들어가서 또 한 마리를 채집했다. 숲길에는 모기가 많아 여기저기 물렸다.

개활지를 지나 사당 못 미쳐 오른쪽으로 바닥에 대나무 낙엽이 쌓여 있는 소로가 하나 나 있어서 올라가니 또다시 수많은 모기떼가 습격하였다. 대나무에 앉아 있는 호리귀신저녁매미 수컷 한 마리를 발견하고 채집했다(12:40). 그 길의 끝에는 송전탑이 서 있었다. 송전탑을 바라보는 지점에서 왼쪽 위편 숲에서 애저녁매미 두 마리의 울음소리가 들려왔다. 표고가 비교적 낮은 르웨탄 일대에도 애저녁매미가 서식한다는 것이 확인된 셈이다.

차도로 나가 삼거리에서 좌회전하여 도로를 따라 계속 진행하여 보았다. 조금 가니 오른편으로 대나무 낙엽길이 또 하나 보였고, 그 경사진 길을 오르다가 호리귀신저녁매미 암컷을 한 마리 발견하여 채집했다(12:58). 그 길의 끝에도 역시 송전탑이 세워져 있었다. 여기에서도 모기떼가 여기저기 달라붙어 피를 빨았다. 열심히 쫓았으나 팔, 귀, 머리, 심지어 옷 속의 어깨까지 여기저기 부어 올랐다. 송전탑에서 내려오면서 호리귀신저녁매미 수컷 한 마리를 발견하고 채집했다(13:13).

13:30경 비가 내리기 시작했다. 두 사람을 만나 사당으로 가서 비를 피하자고 하여 13:40 사당으로 올라가 비를 피하면서 쉬었다. 비가 와서 주위가 어두워지자 멀리서 호리귀신저녁매미의 울음이 시작되었다. 두 사람도 음침한 분위기에서 우는 이 매미의 울음소리가 정말 귀신 소리와 비슷하다며 내가 '귀신저녁매미'로 이름 붙이는 것에 이의를 달지 않았다. 잠시 후 비가 그쳤다.

사당 앞에서 비를 피하며 쉬고 있는 일행

양밍산의 귀신저녁매미

2001년 7월 14일에는 타이페이 시에 있는 양밍산(陽明山)에 가보았다. 타이페이역에서 버스를 타고 06:22 양밍산 정류장에 도착하였다.

터미널 위쪽에 하나 있는 허름한 가게에서 아침 요기를 하고 짐을 맡긴 후 06:45 산에 난 도로를 따라 걸어 올라가기 시작했다. 많은 사람들이 버스를 갈아 타고 산 위로 올라갔고, 또 그만큼 많은 사람들이 걸어서 산으로 올라갔다. 조금 걸어가니 오른편으로 산길이 나 있고 그 입구 언저리 나무에 저녁매미류 한 마리가 앉아 있는 것을 김태우씨가 발견하고 나를 불렀다. 손으로 잡고 보니 귀신저녁매미 수컷이었다. 왕양밍(王陽明) 동상 부근의 한 조그만 나무에서 저녁매미류의 탈피각 5개를 땄다.

아침을 먹은 가게에서 12:00까지 만나기로 하고 세 사람은 흩어졌다. 혼자 길을 따라 더 올라가니 젊은 청춘이나 올라갈 수 있음직한 가파른 계단으로 된 청춘령(靑春嶺)이란 숲길이 나왔다. 나는 이미 청춘이 아닌지라 가쁜 숨을 몰아쉬며 흠뻑 땀에 젖어 고갯마루에 올라서니 08:32이었다. 그곳의 가게에서 물어보니 이곳은 수원지(水源地)라고 하면서 위로 더 올라가면 주쯔후(竹子湖)가 나온다고 하였다.

길을 따라 올라가는데 08:40 위편에서 귀신저녁매미의 울음소리가 났다. 08:42 길가의 나무 낮은 곳에서 암컷 한 마리를 채집한 후부터 암컷을 여러 마리 볼 수 있었다. 길 옆, 숲 속으로 들어갈 수 있는 곳이 보여 들어가 보았더니 나무마다 몇 마리씩 귀신저녁매미가 붙어 있고 가끔씩 우는 수컷들도 있었다. 그러나 수컷은 민감하여 한 마리만 채집할 수 있었고, 암컷은 많이 채집할 수 있었다.

09:52 그곳을 떠나 내려왔다. 청춘령 아래쪽에서는 귀신저녁매미의 울음소리가 들리지 않았다. 짐을 맡겨 놓은 가게에서 김태우씨와 박 박사를 기다리며 앉아 있는데 이 부근에서도 귀신저녁매미의 울음소리가 들려왔다(10:53경).

나무줄기에 앉아 있는 귀신저녁매미 수컷
(양밍산, 2001.7.14)

귀신저녁매미는 이쪽에서 여러 마리가 함께 울고 나면 건너편에서 여러 마리가 이어받아 울고, 또 이쪽에서 울면 저쪽에서 울고, 주거니 받거니 한다.

다핑의 호리귀신저녁매미 확인

제6차 원정 때인 2002년 8월 10일에는 국립대만박물관(國立臺灣博物館)의 왕(王效岳)

선생과 함께 다핑(大坪)에 갔다. 이곳은 'Tanna taikosana' 라는 종의 기산지인데, 이 종은 호리귀신저녁매미와 동일종이라는 확신이 있어 그것을 확인하러 온 것이다.

15:15 왕선생이 미리 예약해놓은 산장(香品源休閒農莊)에 도착하였다. 비가 계속 퍼붓는 바람에 산장 안에서 머무를 수밖에 없었다. 주인이 내준 차를 마시고 올리브를 까먹으며 비가 그치기를 기다렸다. 비가 조금 수그러드는 듯하여 왕선생의 차로 다핑 일대를 둘러보았다. 우즈산(五指山) 방향으로 조금 가다가 소로를 발견하고(16:45) 걸어 들어가 보았으나 애매미 한 마리의 울음소리 외에는 아무것도 발견할 수 없었다. 우즈산 쪽으로 좀더 진행해 보니 왼편에 계곡을 낀 시멘트길이 있기에 걸어 들어가 보았다. 빗물이 길 위를 넘쳐 흘러갔다. 길을 따라 계속 들어가 보니 이곳은 저녁매미류가 서식하기에 좋은 환경으로 보였다. 아니나 다를까 호리귀신저녁매미 여러 마리의 울음소리가 들렸다(17:40경). 역시 이 소리는 생각한 대로 르웨탄 등지에서 들었던 울음소리와 동일한 것이었다. 이로써 'Tanna taikosana'는 호리귀신저녁매미와 동일종이라는 것이 확인된 셈이다. 그러나 호리귀신저녁매미를 채집할 수는 없었다.

다핑초등학교 주위와 숙소 주위에서는 호리귀신저녁매미의 울음소리를 들을 수 없었다. 다핑에서 이 종의 밀도는 별로 높지 않은 것 같았다.

호리귀신저녁매미는 대만의 남쪽 지방에도 있었다

2002년 8월 12일에는 아리산(阿里山)을 들렀다가 펀치후(奮起湖) 방향으로 내려가고 있을 때 오던 비가 잠시 그쳤는데, 55.5km 지점 왼편 도로변에서 호리귀신저녁매미와 애저녁매미의 합창 소리가 들렸다(13:45경). 호리귀신저녁매미 한 쌍이 짝짓기에 들어가려는 것을 보고 잠시 기다렸다가 쌍 붙은 것을 안전하게 채집했다. 아리산 정상에서 가까운 이곳에도 호리귀신저녁매미가 서식하고 있었다.

그곳을 떠날 때부터 다시 비가 내리기 시작했다. 14:29 펀치후로 갈라지는 지점을 지나 조금 더 가니 왼편으로 갈라지는 길이 나왔다. 지도를 보니 이 길은 쟈샨(甲仙)으로 가는 21번 도로와 만나게 되는 지름길이었다. 사람들에게 물어보니 충분히 통과할 수 있는 길이라 하여 그리로 접어들었다(14:57). 도로 번호도 없는 길이지만 버스도 지나다녔다. 15:13 산메이(山美)를 지났고, 15:30 신메이(新美)를 지났다. 왕선생은 이 길로는 한 번도 와 보지 않았다며 주위의 천연림이 매우 좋으니 채집하러 다시 한 번 와야겠다고 하였다.

16:02 카오슝(高雄)현의 경계를 지났다. 약 5분쯤 더 달려 도로 오른편에 볼록거울이 있는 커브 길에서 호리귀신저녁매미 한 마리의 울음소리를 들었다. 어느새 비는 그쳐 있었다. 차에서 내려 소리를 추적했으나 가까이서 들리던 그 소리는 숲으로 사라지고 말았다. 이곳은 카오슝 싼민(三民)향으로, 내가 울음소리로 확인한 호리귀신저녁매미의 남한계선인 셈이다.

그날 저녁에는 샨핑(扇平) 삼림관리소에서 숙박했다. 관리소 주변에 등불이 많았는데 기대와 달리 매미가 보이지 않았다. 마지막으로 관리소와 거리가 가장 먼 입구 쪽 등불 아래로 다가간 순간 콘크리트 바닥 위에 매미 한 마리가 앉아 있는 것이 보였다(20:15). 저녁매미류 수컷이라는 것을 직감하고는 서둘러 손으로 집으려 하였으나 매미는 이리저리 퍼덕대다가 어느 순간 날아올라 도망가 버렸다. 혹시나 하여 전봇대를 훑어보니 거기에 앉아 있었다. 또 한 번 놓친 후 다시 전봇대에 앉은 것을 포충망으로 채집할 수 있었다. 호리귀신저녁매미였다.

이튿날 아침 05:20 호리귀신저녁매미의 울음소리에 잠이 깼다. 부리나케 캠코더를 들고 나가 녹음을 하였다. 여기저기서 호리귀신저녁매미와 애저녁매미, 그리고 나발통매미가 울고 있었다. 캠코더 배터리가 떨어져 방으로 들어와 배터리를 갈고 포충망도 들고 밖으로 나왔다(05:30). 호리귀신저녁매미는 15분가량 울고는 사라져 버렸다.

숙소 뒤편 산으로 올라가서 소리 없이 나무에 앉아 있던 호리귀신저녁매미 수컷 세 마리를 발견했는데, 그 중 두 마리를 채집할 수 있었다. 멧돼지 같은 것이

쿵쿵거리는 소리가 들렸으나, 크게 신경 쓰지 않고 계속 올라갔다. 돌아 내려오면서 암컷도 한 마리 채집했다.

자다가 서둘러 나왔기 때문에 반바지 차림이어서 모기에게 다리를 많이 뜯겼다. 숙소로 돌아와(06:30) 잡은 매미를 통에 넣고 긴 바지로 갈아입고 양말을 신은 후 장비를 잘 챙겨 다시 밖으로 나왔다(06:45).

산으로 올라가는 길 주위 나무에서 갓 깨어 나온 듯한 호리귀신저녁매미 암컷을 한 마리 채집했다. 지금도 갓 깨어 나온 개체가 있으니 5월경부터는 꾸준히 탈피한다는 것을 짐작할 수 있었다.

08:00 숙소로 돌아오니 왕선생이 떠날 준비를 거의 완료하고 있었다. 왕선생은 숙소 아래쪽에 개울이 있고 그 옆에 소로가 있다며 그곳으로 나를 안내했다. 작은 다리를 건너자 개울 옆으로 산길이 나 있었다. 나무에 소리 없이 붙어 있던 호리귀신저녁매미 암컷 한 마리를 채집했다.

타이핑산에도 귀신저녁매미가 있었다

2002월 8월 16일 오후 세 시 반경 타이핑산(太平山) 올라가는 길 도중에 있는 해설복무참(解說服務站)에 차를 세우고 내렸다. 잠시 후 예기치 않게 귀신저녁매미의 합창 소리가 들렸다. 내가 지금껏 발견한 서식지 중 이곳이 귀신저녁매미의 남한계선이 된다. 대만 남단인 켄팅(墾丁)에서 발견된 것이 귀신저녁매미가 아닌 별종이라면 말이다. 한 번 가까이 접근할 수 있었으나 녹음만 했을 뿐 채집은 하지 못했다.

15:54 해설복무참을 출발했다. 7번 도로로 접어들어 오늘의 최종 목적지인 상파렁(上巴陵)을 향해 가는데 78.5km 지점에서 귀신저녁매미의 합창이 들렸다(16:45). 귀신저녁매미의 합창은 76km 지점까지 이어졌다. 그 후에는 72km 지점에서 한 마리, 71km 지점에서 한 마리, 68km 지점에서 몇 마리, 67km 지점에서 한 마리, 66km 지점에서 한 마리의 울음소리가 들렸다. 17:25 해가 났는데, 그 이

후론 귀신저녁매미의 울음소리가 들리지 않았다. 해가 나서인지, 서식지를 벗어나서인지는 확실치 않았다.

귀신저녁매미와 호리귀신저녁매미의 서식 경계?

60.5km 지점에 왔을 때 왕선생이 "아! 저건 '따그닥 따그닥' 하는 다른 종이다!"라고 소리쳤다. 그랬다. 그건 호리귀신저녁매미의 울음소리였다. 방금 전 통과한 울음소리 없는 곳은 귀신저녁매미와 호리귀신저녁매미의 서식 범위의 경계일 거라는 생각이 들었다. 차에서 내려 잘 들어보니 여기서는 귀신저녁매미 한 마리와 애저녁매미 한 마리의 울음소리도 들렸다. 그러나 이곳의 우점종은 호리귀신저녁매미였다. 귀신저녁매미는 우연히 날아온 개체였을 거라는 짐작이 들었다. 어쨌든 두 종이 공서하는 상황을 캠코더에 담았다.

58km 지점에서 호리귀신저녁매미와 애저녁매미의 울음소리를 들었다. 그 후로 계속해서 들리는 소리는 모두 호리귀신저녁매미의 울음소리였다. 이제 확연해졌다. 대체로 밍치(明池)까지는 귀신저녁매미의 서식범위이고 쓰렁(四稜)부터는 호리귀신저녁매미와 애저녁매미의 서식범위인 것이다.

맺으면서

6차에 걸친 채집 여행을 통해 귀신저녁매미류를 관찰했지만, 대만 동부 산악지대에서 발견된 신종으로 추정되는 개체군에 대한 연구와 대만 남단에서 발견된 귀신저녁매미와 흡사한 개체군의 정체 파악 등 앞으로도 귀신저녁매미류에 대한 연구가 더 필요하다. 기회가 있으면 다시 한번 대만을 방문하여 이들을 관찰할 수 있기를 기대한다. 채집 여행 중 많은 도움을 준 라이씨, 왕선생, 첸씨에게 심심한 감사의 뜻을 전한다.

나무줄기에 붙어 있는 나발통매미 수컷
(대만의 양밍산, 2001.7.14)

부록

매미 채집 및 표본 제작법
한국산 매미의 검색표
채집지 목록
한국산 매미의 이명 목록
참고문헌
찾아보기/ 학명
찾아보기/ 한국명

루드베키아 줄기에 앉은 고려풀매미

매미 채집 및 표본 제작법

곤충의 분류를 연구하는 데 가장 기본적인 것은 표본이다. 그러므로 곤충 채집과 표본 제작은 매우 중요하다. 그러나 매미를 포함한 곤충의 채집을 취미 삼아 또는 재미삼아 하는 것은 삼가야 한다. 왜냐하면 채집 행위가 곤충의 개체수나 생존에 큰 영향을 줄 수 있기 때문이다. 한 종의 생물이 수가 줄어들거나 사라지면 그 종이 담당하던 중요한 역할을 할 수 없게 되면서 생태계에 심각한 영향을 미칠 수 있다. 그러므로 연구 목적 또는 식물의 보호를 위해 불가피한 경우가 아니면 채집을 삼가야 할 것이다.

 매미를 채집하는 도구

✚ 포충망

매미 채집에는 두 종류의 포충망이 주로 쓰인다. 하나는 주로 초원성 소형 종을 잡기 위한 대가 짧은 포충망이고, 다른 하나는 높이 앉은 중대형 종을 잡기 위한 대가 긴 포충망이다. 즉 초원성인 풀매미, 세모배매미 등을 채집하기 위해서는 망의 입구 직경이 50~60cm인, 대가 튼튼하고 길이가 1~2m인 포충망을 써야 스위핑을 하거나 날아가는 매미를 휘둘러 잡기에 편리하다. 반면 높은 나무에 잘 앉는 중대형 매미들을 잡기 위해서는 망 입구 직경이 30~50cm인, 대가 긴 포충망을 쓰는데 낚싯대처럼 대가 4~5단으로 되어 5~6m까지 늘였다 줄였다 할 수 있어야 높은 곳의 매미를 잡을 수 있고 휴대도 간편하다. 이러한 긴 대는 시중에서 포충망용으로 파는 것은 없으므로, 낚시용 뜰채에 망만 끼우거나 낚시대에 스프링망을 조립하여 끼우는 방법으로 개인이 만들어야 한다.

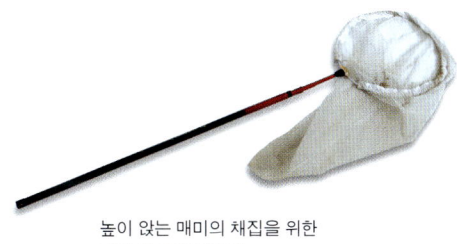

높이 앉는 매미의 채집을 위한
대가 긴 포충망(4단)

초원성 소형 매미의 채집을 위한
대가 짧은 포충망

✤ 채집상자

잡은 매미를 독병에 넣으면 손쉽게 죽일 수 있지만, 청산가리나 에틸아세테이트 등 독병 속의 독약이 매미의 체색(특히 녹색)을 변화시키는 단점이 있다.

  이러한 단점을 피하려면 독병 대신 불투명한 작은 상자를 사용하는 것이 좋다. 잡은 매미를 이런 상자 하나에 두세 마리씩 넣어가지고 다니면, 어두운 속에서는 매미가 날개를 잘 퍼덕거리지 않아 상하지 않게 보관할 수 있다. 그러나 상자에 너무 많은 매미를 넣지 않도록 유의해야 한다. 서로 몸에 닿아 놀란 매미들이 날개를 파닥거리면 날개끼리 부딪쳐 날개가 상하기 때문이다.

  날개가 상하는 것을 막기 위하여 한 마리씩 작은 비닐봉투 속에 넣은 채로 종이 상자에 넣기도 하지만, 매미의 몸에서 방출되는 습기가 비닐봉투 속에 쌓이게 되어 수시로 물방울을 휴지로 닦아내지 않으면 안된다. 습기를 놓아두면 나중에 체색이 꺼멓게 변한다.

  매미 한 마리가 겨우 들어갈 정도로 작은 플라스틱 용기에 채집한 매미를 한 마리씩 넣어 두는 것도 한 가지 방법이다.

  상자나 용기 속에 넣어 둔 매미는 하루, 이틀이면 죽는다. 이 방법이 매미의 체색을 보존시키는 최선의 방법이다.

  채집상자의 재질은 딱딱한 종이나 나무상자가 좋다. 상자 내부의 습기를 어느 정도 빨아들여 표본의 부패를 최소화할 수 있기 때문이다. 매미 몸에는 많은 수분이 함유되어 있고 수시로 몸 밖으로 배출하므로, 만일 스티로폼이나 플라스틱 상자를 쓰게 되면 그 수분이 그대로 남아 죽은 매미의 몸이 부패하게 된다.

✚ 독병

잡은 매미가 너무 많아 상자가 모자라서 매미들을 빨리 죽여야만 할 때에는 불가피하게 독병을 사용할 수 있는데, 독병 속의 독약으로는 에틸아세테이트를 쓰는 것이 좋다. 에틸아세테이트는 휘발성이 높기 때문에 코로 들이마시지 않도록 조심해야 한다. 청산가리는 매미의 다리를 금방 뻣뻣하게 만들기 때문에 나중에 표본 제작하기가 힘이 들고, 또한 사람에게도 위험하므로 되도록 사용하지 않는 것이 좋다.

  독병에 넣은 매미는 20분 이내에 꺼내야 체색 변화를 최소화할 수 있

독병

다. 20분 후 매미를 독병에서 꺼내면 대형 종은 다시 깨어나는 경우도 있는데, 그래도 예전처럼 활기차지 않으므로 소기의 성과는 거둘 수 있다.

독병은 바람을 등지고 이용하도록 한다.

✤ 기타준비물

- **필기도구**: 채집 활동할 때 관찰 기록은 반드시 남겨 두자.
- **카메라**: 매미의 생태사진을 찍어 놓으면 귀중한 자료가 된다. 그러나 혼자서 채집과 병행하기는 힘이 들므로 보조자가 있으면 좋다.
- **녹음기**: 매미 울음소리를 녹음해 보고자 한다면 필수.
- **고도계**: 채집된 장소의 해발 고도를 기록하여 후에 라벨을 제작할 때 기입해 넣는 것이 좋다. 지피에스를 사용해도 좋다.
- **긴팔 옷**: 나뭇가지에 긁히거나 독풀이나 독충에 쏘이는 것을 방지한다.
- **방한용 외투**: 고도가 높은 지역에서 채집 활동을 할 경우에는 체온 저하를 막기 위해 가지고 다녀야 한다.
- **모자**: 해를 가리기 위해 필요하다.
- **등산화**: 발목을 보호하고 미끄러짐을 방지하기 위해 착용하여야 한다.
- **지도 및 나침반**: 산에서 길을 잃었을 경우 유용하다.
- **물**: 탈수를 방지하기 위해서 필수적이다.
- **비상식량 및 약품**: 필요한 경우가 있으므로 가지고 다니는 것이 좋다.
- **여벌 안경**: 시력이 좋지 않다면 안경 파손에 대비하는 것이 좋겠다.
- **안경 닦는 수건이나 부드러운 티슈**: 무더운 날 매미를 찾으려고 나무를 올려다 보고 있으면 안경에 김이 서린다.

매미를 채집하는 방법

✚ 주간에

매미는 나무에 앉는 곤충이기 때문에 채집지에서는 모든 나무를 하나하나 잘 살펴보면서 다녀야 한다. 물론 처음에는 나무에 붙은 매미가 눈에 잘 띄지 않겠지만, 반복적으로 하면 어느 정도 찾는 눈이 뜨이게 된다.

매미는 울음소리를 내기 때문에 울음소리를 따라가면 매미를 발견할 수 있다. 매미는 인기척에 민감한 경우가 많으므로, 소리를 향해 다가갈 때에는 소리를 내지 않고 가급적 천천히 다가가야 한다. 매미가 인기척을 느껴 울음을 갑자기 멈출 때는 울음을 다시 시작할 때까지 가만히 기다려야 한다. 울음을 갑자기 멈추었다는 것은 주위를 경계하고 있다는 뜻으로, 조그마한 인기척에도 날아 도망갈 수가 있기 때문이다. 그러나 아무리 기다려도 울음을 다시 울지 않을 때에는 울음소리가 난 곳으로 다가가서 나무를 잘 살펴본다. 이 경우에는 이미 자리를 떠났을 경우가 태반이다.

어떤 종의 서식 밀도가 매우 높은 곳에서는 그 종의 개체들이 높은 곳뿐 아니라 아주 낮은 곳에도 많이 앉는 경향이 있다. 그러한 매미들은 사람이 접근해도 잘 도망가지 않기 때문에 손으로 잡는 것이 더 쉽다. 손으로 잡을 때는 날개가 상하지 않도록 하는 것은 물론 가는 털이나 몸의 가루도 떨어지지 않도록 주의하여야 한다.

✚ 야간에

털매미, 애매미, 세모배매미 등 밤에 불빛에 날아드는 종을 채집하려고 유인등을 쓰기도 하지만, 나방, 갑충, 메뚜기류 등에 비해 그리 효율적이지 못하다. 필자는 대만에서 일주일 내내 야간에 수은등을 설치했지만 한 마리의 매미도 날아오지 않았던 경험도 있다.

그러나 야간에는 한번쯤 밖으로 나와 가로등이나 건물의 환한 불빛을 순회, 점

검하는 게 좋다. 피곤하다고 그냥 자면 불빛 아래에서 입수할 수도 있었던 귀한 매미 표본을 그냥 놓치는 일이 될 테니까.

✤ 채집한 매미를 표본에서 만들기 전까지 보관하는 방법

채집 여행에서 돌아온 즉시 죽은 매미들을 표본으로 만드는 것이 가장 좋다. (수일에 걸친 여행이라면 현지에서 표본을 제작하는 것이 더 좋다.) 죽은 매미들은 금세 다리가 굳어 버리고 마는데, 특히 청산가리 독병에 넣어 죽인 매미는 더욱 빨리 굳어 버리기 때문에 서둘러 표본을 만들어야 한다.

시간 여유가 없을 때에는 몸이 말라 굳지 않도록 조치를 취해야 한다. 가장 좋은 방법은 매미를 냉동고 속에 넣어 얼리는 방법이다. 나중에 시간이 있을 때 얼려 놓은 매미들을 꺼내어 한 시간 정도 놓아두면 녹아 다시 부드러운 몸으로 돌아온다. 이때 표본을 만들면 된다. 그러나 아무리 냉동고라도 냉동 온도가 적당치 않거나 너무 오래 놔두면 역시 몸이 조금씩 뻣뻣해진다.

냉동고에서 꺼내 바깥의 더운 공기를 만난 매미의 몸 표면에는 항상 물방울이 맺히는데, 이 물방울을 신속히 말려 제거해야 한다. 습기가 묻은 채로 비닐봉지 속에서 시간이 경과하면, 나중에 체색이 모두 거무죽죽하게 변해 버려 쓸모 없는 표본이 되고 말기 때문이다.

✤ 굳어 버린 매미를 연화하는 방법

냉동고에 제때 넣지 않아 이미 말라서 굳어 버린 매미들은 연화를 시켜 몸을 부드럽게 만든 후 표본을 만들어야 한다.

시중에서 유리로 된 연화기를 판매하기도 하나, 집에서 쓰는 물건으로 간단히 만들 수도 있다. 먼저 빈 플라

연화기

스틱 반찬통에, 물에 충분히 적신 휴지를 바닥에 깐다. 그 위에 부러뜨린 나무젓가락을 얼기설기 놓고 그 위에 매미를 놓아 매미가 물기에 직접 닿지 않도록 한다. 반찬통의 뚜껑을 잘 닫은 후 곰팡이 스는 것을 방지하기 위해 냉장고(냉동고가 아님)에 넣고 하루나 이틀이 지난 후 꺼내 보면 몸이 부드러워진 것을 알 수 있다.

이러한 작업을 할 때는 라벨이 뒤섞이거나 하여 채집지나 일자가 혼동되지 않도록 매우 조심해야 한다.

 매미 표본을 만드는 방법

✚ 곤충핀의 사용

죽은 직후 또는 연화시킨 후에는 매미의 몸에 직접 곤충핀을 꽂아 말린다. 매미는 비교적 몸집이 큰 곤충이므로 미소핀을 사용하지 않고 대형 곤충 표본용으로 제작된 곤충핀을 구입하여 사용하여야 한다. 일제 곤충핀은 길이가 대부분 38mm이나, 동유럽산 곤충핀은 이보다 약간 짧을 수도 있다. 핀의 굵기는 매미의 크기에 따라 2~3호가 적당하다.

곤충핀은 매미의 가운데가슴등 중앙에서 약간 오른쪽에 몸과 수직이 되도록 꽂아 넣는다. 정 중앙에 핀을 꽂으면 중앙의 무늬를 가리게 되기 때문이다. 표본을 핀의 뾰족한 끝에서 2/3 정도 위치에 몸이 오도록 고정시켜 위로는 손으로 핀을 잡을 수 있는 공간을 주고 아래로는 라벨을 부착시킬 수 있도록 한다.

표본 핀이 꽂힌 참깽깽매미 수컷

✦ 날개를 펴서 표본 만들기

곤충핀을 꽂은 매미는 즉시 전시판을 이용하여 다리와 날개를 가지런히 한 후 말리면 좋은 표본이 된다.

매미의 표본을 가지고 분류할 때에는 배의 등쪽 면, 특히 진동막덮개를 관찰하는 것이 중요하다. 날개가 접혀 있는 표본은 진동막덮개를 관찰하는 데 방해가 되므로 앞, 뒷날개를 가지런히 펴 주는 것이 좋다.

건조가 완료된 표본 옆모습(생식기가 꺼내져 있다)

건조가 완료된 표본 등쪽 모습

양쪽 날개를 편 표본은 날개 편 길이도 잴 수 있으나, 때로는 머리부터 접은 날개 끝까지의 길이와 평균치를 기록으로 남겨야 하는 경우도 있는데, 이를 위해서 날개를 접은 채 있는 표본도 필요하다. 이 두 가지의 장점을 모두 살리려면 모든 표본을 한쪽 날개만 펴 두면 된다. 생식기를 쉽게 관찰하려면 왼쪽 날개를 펴는 것이 좋으며, 날개를 펼 때는 앞날개와 뒷날개가 맞물린 상태에서 앞날개 뒷선두리가 몸통에 직각이 되도록 만들어야 한다. 흔히 표본 모양을 보기 좋게 한다고 앞날개 뒷선두리를 조금 더 앞쪽으로 올리는 경우도 있는데, 이렇게 하면 날개 편 길이를 정확히 잴 수 없다.

수컷의 경우, 굳어지기 전에 생식기를 손이나 핀셋을 사용하여 완전히 끄집어낸 후 말리면 복잡한 과정으로 해부하지 않고도 생식기를 관찰할 수 있으므로 편리하다.

이렇게 다리와 날개, 그리고 생식기까지 가지런히 한 매미 표본은 그늘지고 선선하고 습기가 적은 곳에서 충분히 말려야 한다. 말리는 기간은 체구의 크기에 따라 다르지만, 2~4주가 적당하다

✚ 표본에 라벨 붙이기

완성된 건조 표본은 상자에 꽂아 넣기 전에 이 표본이 언제, 어디서, 누구에 의해 채집되었는지를 정확히 기입한 라벨을 부착하여야 한다. 라벨은 표본 제작 전에 미리 만들어 놓는 것이 좋다. 채집 기록이 없는 표본은 연구에 아무런 도움이 되지 않는 곤충 사체에 지나지 않는다.

라벨을 기입하는 형식은 채집지(국가, 도, 군, 면, 해발 고도 등), 채집 일자, 채집자를 영문으로 기입한다. 채집 일자는 일, 월, 연도의 순서로 하되, 월은 로마숫자로 기입한다. 라벨의 재질은 중성아트지를 사용하는 것이 변질 위험이 적으며, 인쇄는 레이저 프린터로 해야 습기에 번지지 않는다.

제작된 라벨은 표본을 관통한 곤충핀의 아랫부분에 꽂는다. 종명(학명)을 기입한 동정 라벨은 필요시 별도의 용지에 작성하여 채집 데이터 라벨 밑에 같이 꽂아 둔다.

✚ 표본 보관 방법

완성된 표본은 곤충표본용 상자에 보관해야 한다. 표본상자는 시중에서 구입할 수도 있지만, 주문 제작을 하기도 한다.

또한 표본을 반영구적으로 보관하려면 표본이 담긴 표본 상자를 방충 처리가 된

제작 완료된 매미표본을 보관한 표본상자

항온 항습의 공간에 저장하여야 한다. 개인적으로 표본을 저장하다 보면 항온 항습 장치가 되는 별도 저장 공간을 확보하기가 사실상 어렵기 때문에, 당장의 연구를 위한 일정 수량 이상의 표본은 연구 기관이나 국공립 박물관에 맡기는 게 좋다.

또한 표본은 수집의 대상이 아니고 연구의 대상이므로, 국내외 학자들이 활용하기에도 편리한 공공기관에 보관하기를 권장한다.

애매미(경기도 광릉, 1996. 8.14)

한국산 매미의 검색표

매미과(Cicadidae)의 아과

1. 후흉배판이 X자 융기에 의해 완전히 숨겨져 있다; 수컷은 진동막덮개가 있다
   --- **매미아과**(Cicadinae)
- 후흉배판이 X자 융기의 뒷가장자리 밖으로 나와 있다; 수컷은 진동막덮개가 없다
   -------------------------- **좀매미아과**(Tibicininae) ⇨ **세모배매미속**(*Cicadetta*)

매미아과(Cicadinae)의 족(族: tribe)

1. 앞가슴등의 양 측면 가장자리가 삼각형으로 돌출하여 종종 치상돌기를 이룬다; 앞날개가 짙은 구름 무늬들로 장식되어 있다; 뒷날개는 가장자리 부분을 제외하고는 대부분 불투명하다 --------------------------------------- **털매미족**(Platypleurini)
- 앞가슴등의 양 측면 가장자리가 삼각형으로 돌출하지 않았다; 앞날개와 뒷날개가 투명하거나 부분적으로 또는 완전히 불투명하며, 구름무늬가 없다 ------------------- **2**

2. 겹눈을 포함한 머리의 폭이 진동막덮개를 포함한 배의 폭과 거의 같다; 수컷의 진동막은 진동막덮개에 의해 완전히 숨겨져 있다 -------------------- **깽깽매미족**(Tibicenini)
- 겹눈을 포함한 머리의 폭이 진동막덮개를 포함한 배의 폭보다 좁다; 수컷의 진동막은 진동막덮개에 의해 불완전하게 덮여 있어 진동막의 일부가 들여다 보인다 ---------- **3**

3. 수컷의 배 아랫면이 불투명하다; 암수의 모양과 크기가 대체로 같다 ------------ **4**
- 수컷의 배 아랫면이 반투명하다; 암수의 크기가 서로 다르고, 수컷의 공명실이 잘 발달되어 있어 수컷의 배가 암컷보다 훨씬 길다 ------------------- **애매미족**(Dundubiini)

4. 앞뒷날개가 불투명하다 ---- **유지매미족**(Polyneurini) ⇨ **유지매미**(*Graptopsaltria nigrofuscata*)
- 앞뒷날개가 투명하며, 때때로 반점이 있거나 특정 색조를 띠고 있다
   ------------------------- **참매미족**(Oncotympanini) ⇨ **참매미**(*Oncotympana fuscata*)

털매미족(Platypleurini)의 속

1. 몸통이 비교적 납작하여 몸의 횡단면이 난형에 가까우며, 짧은 털로 덮여 있다; 진동막덮개는 옆으로 불룩하지 않다; 앞날개 전연막은 발달되지 않았으며, 외연은 바깥쪽으로 굽어 있다 --------------------------- **털매미속**(*Platypleura*) ⇨ **털매미**(*kaempferi*)
- 몸통, 특히 가슴등이 등쪽으로 볼록하여 몸의 횡단면이 거의 원형에 가까우며, 비교적 긴 털로 덮여다; 진동막덮개는 옆으로 불룩하다; 앞날개 전연막이 매우 발달되어 폭이 넓으며, 외연은 직선이다 -------------------- **늦털매미속**(*Suisha*) ⇨ **늦털매미**(*coreana*)

깽깽매미족(Tibicenini)의 속

1. 몸은 광택이 나지 않으며 색채가 다양하다; X자 융기는 납작하지 않으며 비교적 좁다; 후흉복측판이 중앙에 융기되지 않았다 ---------------------- **깽깽매미속**(*Tibicen*)
- 몸은 광택이 나며 대부분 검정색 또는 흑갈색에 무늬가 거의 없거나, 있어도 선명치 않다; X자 융기는 납작하며 비교적 넓다; 후흉복측판이 중앙에 뚜렷이 융기되어 끝이 예리한 돌기를 이룬다 -------------------- **말매미속**(*Cryptotympana*) ⇨ **말매미**(*atrata*)

깽깽매미속(*Tibicen*)의 종

1. 체구가 작고(37mm 내외), 몸이 비교적 가늘고 길다; 배딱지가 제2배마디에 못 미치거나 겨우 접한다 --------------------------------- **참깽깽매미**(*intermedius*)
- 체구가 크고(42 mm 내외), 몸이 비교적 굵다; 배딱지가 제2배마디를 넘어서며 경우에 따라 제3 배마디를 넘어서기도 한다 ----------------------- **깽깽매미**(*japonicus*)

애매미족(Dundubiini)의 아족(亞族: subtribe)

1. 수컷의 배딱지가 길게 뒤쪽으로 발달되어 제3배마디를 훨씬 넘어선다
   ---------------------------- **애매미아족**(Dundubiina) ⇨ **애매미속**(*Meimuna*)
- 수컷의 배딱지가 작고 짧으며 비늘모양으로, 제3배마디의 중간에 미치지 못한다
   -------------------- **소요산매미아족**(Cicadina) ⇨ **소요산매미**(*Leptosemia takanonis*)

애매미속(*Meimuna*)의 종

1. 이마방패가 전방으로 뚜렷이 돌출하여 등쪽에서 볼 때 두정 길이와 거의 같다; 수컷 배딱지는 끝 부분의 양변이 오목하여 전체적으로 창과 같이 예리한 세모꼴을 이루고, 비교적 짧아 제4배마디의 앞가장자리 부근에 미친다; 마지막 배마디 윗면에 흰색의 테두리가 없다 --- **애매미**(*opalifera*)
- 이마방패는 전방으로 완만히 돌출하여 등쪽에서 볼 때 두정 길이보다 확실히 짧다; 수컷 배딱지는 전체적으로 타원형이고, 제4배마디의 중간을 넘어선다; 윗면의 마지막 배마디에 뚜렷한 흰색의 테두리가 둘려져 있다 -------------------- **쓰름매미**(*mongolica*)

세모배매미속(*Cicadetta*)의 종

1. 배의 등쪽 부분은 용골과 같이 좁아서 배의 횡단면이 세모꼴이며, 생식기판은 원추형으로 매우 크고 길이가 제7배마디 길이의 약 1.5배이다 ---- **세모배매미**(*montana*) (그룹 A)
- 배의 등쪽 부분은 둥그스름하여 배의 횡단면이 원통형에 가까우며, 생식기판은 제7배마디 길이보다 짧다 --- **2**

2. 비교적 대형(24mm 내외)이다; 앞가슴등의 양측 가장자리는 발달되어 아래쪽으로 둥글게 튀어나와 있으며, 수컷의 배딱지는 가로로 긴 타원형이다 -------------- **3 (그룹 B)**
- 비교적 소형(17mm 내외)이다; 앞가슴등의 양측 가장자리는 발달되어 있지 않고 아래 면과의 경계가 가운데가슴등의 경계와 일직선상에 있으며, 수컷의 배딱지는 둥글다 --- **4 (그룹 C)**

3. 앞날개 중맥(M 맥)과 주맥(CuA 맥)은 시저실의 한 점으로부터 나오거나 분리되어 나온다; 배 아랫면과 다리의 검정 무늬가 비교적 발달되어 있지 못하다; 수컷의 배 양측 가장자리는 제6배마디 부근에서 꺾어짐이 없는 완만한 곡선으로 되어 있다; 겹눈을 포함한 머리의 폭이 가운데가슴등 윗가장자리의 폭과 비슷하다 ----- **두눈박이좀매미**(*admirabilis*)

- 앞날개 중맥과 주맥은 명확히 합류되어 시저실에 닿는다; 배 아랫면과 다리의 검정 무늬가 발달되어 있다; 수컷의 배 양측 가장자리는 제6배마디 부근에서 눈에 보이는 꺾어짐이 있다; 겹눈을 포함한 머리의 폭이 가운데가슴등 윗가장자리의 폭보다 좁다
--- **호좀매미**(*yezoensis*)

4. 몸 윗면에 연두색 무늬가 발달되어 몸의 2/3 이상이 연두색이며, 앞날개 전연막도 연두색이다 -- **풀매미**(*pellosoma*)
- 몸 윗면은 검정 바탕이며 누런 반점이 있으며, 앞날개 전연막은 갈색 또는 녹색이다
--- **고려풀매미**(*isshikii*)

채집지 목록/ Localities

털매미 *Platypleura kaempferi* (Fabricius, 1794)

[함북] 무산(茂山) (Cho, 1946); [함남] 신흥리(新興里) (Kato, 1931a); [평남] 용연(龍淵) (Doi, 1932a), 직유령(直踰嶺) (Doi, 1932a), 영원(寧遠) (Lee, 1979a), 맹산(孟山) (Mori, 1931), 평양(平壤) (Kato, 1932a); [황해] 해주(海州) (Mori, 1931); [강원] 금강산(金剛山) (Mori, 1931), Kankakei (= ?) (Kato, 1932a), 인제군(麟蹄郡) 남면(南面) (Lee, 1995), 가칠봉(柯七峰) (Kim and Nam, 1982), 오대산(五臺山) 소금강(小金剛) (Lee, 1995), 소계방산(小桂芳山) (Kim and Nam, 1982), 계방산(桂芳山) (Kim and Nam, 1982), 홍천(洪川) (Mori, 1931), 홍천군(洪川郡) 서면(西面) 개야(開野) (Cho, 1946), 가리왕산(加里旺山) (Lee, 1995), 평창군(平昌郡) 원동재(院洞峙) (Lee, 1995), 원주시(原州市) 매지리 (Lee, 1999a), 영월군(寧越郡) 남면(南面) (Lee, 1995), 태백산(太白山) (Lee, 1995); [경기] 개성(開城) (Mori, 1931), 소요산(逍遙山) (Cho, 1946; Lee, 1995), 명지산(明智山) (Lee, 1995), 광릉(光陵) (Kato, 1930a; Mori, 1931; Lee, 1995), 고령산(古靈山) (Lee, 1995), 천마산(天摩山) (Lee, 1995), 고양시(高陽市) 원당(元堂) (Lee, 1999a), 남양주군(南楊州郡) 진건면(眞乾面) (Lee, 1995), 용두리(龍頭里) (Kato, 1932a), 인천(仁川) (Lee, 1999a), 설봉산(雪峰山) (Doi, 1932a), 이천군(利川郡) 부발면(夫鉢面) (Lee, 1995), 이천군 설성산(雪城山) (Lee, 1995), 이천군 설성면(雪星面) (Lee, 1995), 덕적군도(德積群島) (Kim, 1956), 덕적도(德積島) (Lee, 1995), 소야도(蘇爺島) (Lee, 2001a), 굴업도(掘業島) (Lee, 2003c), 문갑도(文甲島) (Lee, 1999a); [서울] 서울 (Mori, 1931), 북한산(北漢山) (Lee, 1995); [충북] 천동리(泉洞里) (Lee, 1995), 충주(忠州) (Lee, 1999a), 월악산(月岳山) (Lee, 1979b), 속리산(俗離山) (Kim et al., 1991), 영동군(永同郡) 양산면(陽山面) (Lee, 1999a); [충남] 칠갑산(七甲山) (Yoon and Nam, 1980), 계룡산(鷄龍山) (Yoon and Nam, 1980), 갑사(甲寺) (Yoon and Nam, 1980), 동학사(東鶴寺) (Yoon and Nam, 1980); [경북] 봉화군(奉化郡) 법전면(法田面) (Lee, 1995), 주왕산(周王山) (Kim et al., 1985), 금릉군(金陵郡) 어모면(禦侮面) (Lee, 1995), 직지사(直指寺) (Lee, 1995), 금릉군 구성면(龜城面) (Lee, 1995), 팔공산(八公山) (Kamijo, 1932), 수도산(修道山) (Hayashi, 1978), 울릉도(鬱陵島) (Mori, 1931; Lee, 1995); [경남] 거창군(居昌郡) 웅양면(熊陽面) (Lee, 1995), 가야산(伽倻山) (Cho, 1971; Yoon et al., 1990), 거창군 거창읍(居昌邑) (Lee, 1995), 황석산(黃石山) (Park and Cho, 1986), 함양군(咸陽郡) 안의면(安義面) (Lee, 1995), 백운산(白雲山) (Park and Cho, 1986), 울산(蔚山) (Lee, 1995), 문수산(文殊山) (Lee, 1995), 산청군(山淸郡) 오부면(梧釜面) (Lee, 1995), 지리산(智異山) 칠선계곡(七仙溪谷) (Park et al., 1993), 지리산 대원사(大源寺) (Kishida, 1929b), 지리산 한신계곡(寒新溪谷) (Park et al., 1993), 진양군(晉陽郡) 명석면(鳴石面) (Lee, 1995), 하동군(河東郡) 하동읍(河東邑) (Lee, 1995), 비진도(比珍島) (Yoon and Nam, 1979); [전북] 내장산(內藏山) (Kim and Kim, 1974), 남원군(南原郡) 주천면(朱川面) (Lee, 1995), 순창군(淳昌郡) 순창읍(淳昌邑) (Lee, 1995), 지리산 뱀사골 (Park et al., 1993), 고군산군도(古

群山群島) (Shin and Park, 1981), 비안도(飛雁島) (Shin and Park, 1981); **[전남]** 백양산(白羊山) (= 백암산 白巖山) (Kim and Kim, 1974), 백양사(白羊寺) (Lee, 1995), 담양군(潭陽郡) 담양읍(潭陽邑) (Lee, 1995), 지리산 피아골 (Hyun and Woo, 1969; Nam and Kim, 1983), 용당(龍塘) (Kishida, 1929b), 무등산(無等山) (Doi, 1932a), 광양군(光陽郡) 백운산(白雲山) (41♂, 29♀, 20-25 VII 2001, K.S. Woo leg.), 조계산(曹溪山) (Kim and Nam, 1977), 목포(木浦) (Kishida, 1929b), 월출산(月出山) (Yoon et al., 1989), 해남(海南) (Lee, 1995), 해남군 옥천면(玉泉面) (2♂, 1♀, 2 VIII 1999), 해남 대둔산(大屯山) (Kim and Kim, 1972b), 홍도(紅島) (Cult. Inf. Min., 1968b), 소흑산도(小黑山島) (= 가거도 可居島) (Shin and Noh, 1970; Lee, 1995); **[제주]** 제주도(濟州島) (Okamoto, 1924), 제주시(濟州市) 오라동(吾羅洞) (Lee, 1999a), 제주시 연평동 (Lee, 1999a), 한라산(漢拏山) (Cult. Inf. Min., 1968a); **[?]** 송림리(松林里) (?) (Kato, 1932a); Taigenji (= ?) (Kato, 1932a).

늦털매미 *Suisha coreana* (Matsumura, 1927)

[황해] 사리원(沙里院) (Kato, 1931a); **[강원]** 설악산(雪嶽山) (Lee, 1995), 광덕산(廣德山) (Lee, 1995), 치악산(雉岳山) (Kim et al., 1976), 원주시 매지리 (Lee, 1999a); **[경기]** 소요산 (Doi, 1932a), 파주군(坡州郡) 임진면(臨津面) (Kim et al., 1974), 광릉 (Lee, 1995), 고령산 (Lee, 1995), 의정부(議政府) (Mori, 1931), 청평(清平) (Cho, 1971), 회룡사(回龍寺) (Doi, 1932a), 고양시 정발산 (Lee, 1999a), 남양주군 진건면 (Lee, 1995), 태릉(泰陵) (Matsumura, 1927), 과천(果川) (Mori, 1931), 무갑산(武甲山) (Kim and Park, 1991a), 여주군(驪州郡) 산북면(山北面) (Lee, 1995), 수원(水原) (Kato, 1927b), 이천군 설성면 (Lee, 1995); **[서울]** 북한산 (Lee, 1995), 목동(木洞) (Lee, 1995); **[충남]** 천안(天安) (2♀, 30 IX 2001), 계룡산 (Lee, 1995); **[경북]** 주왕산 (Kim et al., 1985); **[경남]** 울산 (Lee, 1995), 문수산 (Lee, 1995), 진주(晋州) (Lee, 1995); **[전북]** 임실군(任實郡) 삼계면(三溪面) (Lee, 1999a); **[전남]** 목포 (Kishida, 1929b).

참깽깽매미 *Tibicen intermedius* Mori, 1931

[함남] 부전령(赴戰嶺) (Kato, 1937a); **[강원]** 금강산 (Cho, 1946), 건봉산(乾鳳山) (Lee, 1995), 진부령(陳富嶺) (Lee, 1995), 설악산 (Lee, 1995), 광덕산 (Lee, 1995), 인제군 남면 (Lee, 1995), 오대산 (Lee, 1995), 홍천군 내면(內面) (1♂, 7 VIII 2000), 계방산 (Lee, 1995), 홍천군 서석면(瑞石面) (Lee, 1995), 원성군(原城郡) 성남(城南) (Lee, 1995), 태백산 (Lee, 1995); **[경기]** 연천군(漣川郡) 고대산(高臺山) (1♂, 1 VIII 2000), 천마산 (Lee, 1995), 용문산(龍門山) (Lee, 1995); **[충북]** 소백산(小白山) (Lee, 1995), 속리산 천황봉(天皇峰) (Mori, 1931); **[경북]** 상주군(尙州郡) 화북면(化北面) (Lee, 1995), 수도산 (Hayashi, 1978); **[경남]** 가야산 (Mori, 1931; Yoon et al., 1990), 거창군 위천면(渭川面) 조두산(鳥頭山) (Lee, 1995), 함양군 백전면(栢田面) 백운산(白雲山) (Lee, 1995), 김해(金海) (Lee, 1995); **[전북]** 대둔산(大屯

山) (Lee, 1995), 구천동(九千洞) (Lee, 1995), 덕유산(德裕山) (Lee, 1995); **[전남]** 백암산 (Lee, 1999a), 지리산 (Lee, 1995), 지리산 화엄사(華嚴寺) (Lee, 1995), 광양군 백운산 (1♂, 20 VII 1989), 광양군 옥룡면(玉龍面) 동곡리(東谷里) (Lee, 1995); **[?]** Seiskin (= ?) (Schmidt, 1932).

깽깽매미 *Tibicen japonicus* (Kato, 1925)

[전남] 백양산 (Mori, 1931).

말매미 *Cryptotympana atrata* (Fabricius, 1775)

[함남] 흥남(興南) (Kato, 1932a); **[평남]** 평양 (Doi, 1932a), 강서(江西) (Mori, 1931); **[강원]** 춘천(春川) (Lee, 1995), 가칠봉 (?) (Kim and Nam, 1982), 소계방산 (?) (Kim and Nam, 1982), 홍천 (Mori, 1931); **[경기]** 보개산(寶蓋山) (= 포천군(抱川郡) 관인면 지장봉) (Doi, 1932a), 소요산 (Cho, 1946), 광릉 (For. Exp. Stat. Korea, 1959; Lee, 1995), 고령산 (Lee, 1995), 가평군(加平郡) 대성리(大成里) (Lee, 1995), 천마산 (Lee, 1995), 용문사(龍門寺) (Lee, 1995), 양평군(楊平郡) 양서면(楊西面) (Lee, 1995), 양평군 용문면(龍門面) (Lee, 1995), 이천군 부발면 (Lee, 1995), 수원 (Kato, 1931a), 이천군 설성면 (Lee, 1995), 덕적군도 (Kim, 1956), 소야도 (Lee, 2001a), 굴업도 (Lee, 1999a, 2003c), 대이작도(大伊作島) (Lee, 1999a); **[서울]** 서울 (Kato, 1927a; Kato, 1931a; Mori, 1931), 북한산 (Lee, 1995), 이문동(里門洞) (Lee, 1995), 압구정동(押鷗亭洞) (Lee, 1995), 신사동(新沙洞) (Lee, 1995), 잠실(鷺室) (Lee, 1995), 반포동(盤浦洞) (Lee, 1995); **[충북]** 월악산 (Lee, 1979b), 속리산 (Mori, 1931), 청원군(淸原郡) 현도면(賢都面) (Lee, 1995); **[충남]** 조치원(鳥致院) (Mori, 1931), 칠갑산 (Yoon and Nam, 1980); **[경북]** 예천군(醴泉郡) 감천면(甘泉面) (Lee, 1995), 상주시(尙州市) (Lee, 1995), 주왕산 (Kim et al., 1985), 상주군 청리면(靑里面) (Lee, 1995), 상주군 공성면(功城面) (Lee, 1995), 금릉군 어모면 (Lee, 1995), 김천시(金泉市) (Lee, 1995), 금릉군 구성면 (Lee, 1995), 금릉군 지례면(知禮面) (Lee, 1995), 금릉군 대덕면(大德面) (Lee, 1995), 대구(大邱) (Kato and Suganuma, 1931; Kamijo, 1932), 유천(榆川) (Doi, 1932a), 수도산 (Hayashi, 1978), 경산(慶山) (Kamijo, 1932), 고령(高靈) (Kamijo, 1932); **[경남]** 거창군 웅양면 (Lee, 1995), 거창군 주상면(主尙面) (Lee, 1995), 거창군 위천면 (Lee, 1995), 거창군 마리면(馬利面) (Lee, 1995), 거창군 거창읍 (Lee, 1995), 함양군 안의면 (Lee, 1995), 함양군 수동면(水東面) (Lee, 1995), 울산 (Lee, 1995), 문수산 (Lee, 1995), 산청군 생초면(生草面) (Lee, 1995), 산청군 산청읍(山淸邑) (Lee, 1995), 지리산 대원사 (Kishida, 1929b), 진양군 명석면 (Lee, 1995), 진주시 (Lee, 1995), 진양군 내동면(奈洞面) (Lee, 1995), 사천군(泗川郡) 곤명면(昆明面) (Lee, 1995), 하동군 북천면(北川面) (Lee, 1995); **[전북]** 완주군(完州郡) 삼례읍(參禮邑) (Lee, 1995), 임실군 삼계면 (Lee, 1999a), 내장산 (Doi, 1932a), 남원시(南原市) (Lee, 1995), 순창군 순창읍 (Lee, 1995); **[전남]** 백양사 (Lee, 1995), 곡성군(谷城郡) 입면(立面) (Lee, 1995), 지리산 화엄사 (Hyun and Woo, 1970), 광주(光州) (Mori, 1931), 목

포 (Kishida, 1929b), 완도(莞島) (Cho, 1946); [**제주**] 제주도 (Mori, 1931), 제주시 오라동 (Lee, 1999a), 선흘(善屹) (Lee, 1999a), 제주시 연평동 (Lee, 1999a), 제주시 아라동(我羅洞) (Lee, 1999a), 관음사(觀音寺) (Cho, 1971), 한라산 (Cult. Inf. Min., 1968a), 표선(表善) (Lee, 1999a), 안덕계곡(安德溪谷) (Lee, 1995).

유지매미 *Graptopsaltria nigrofuscata* (Motschulsky, 1866)

[**평남**] 평양 (Cho, 1971); [**강원**] 통천(通川) (Mori, 1931), 설악산 (Kim, 1960; Lee, 1995), 광덕산 (Lee, 1995), 인제군 남면 (Lee, 1995), 치악산 (Kim et al., 1976); [**경기**] 포천군 이동면(二東面) 흥룡사(興龍寺) (Kim and Nam, 1985), 개성 (Mori, 1931), 소요산 (Lee, 1999a), 광릉 (For. Exp. Stat. Korea, 1959; Lee, 1995), 고령산 (Lee, 1995), 천마산 (Lee, 1995), 남양주군 진건면 (Lee, 1995), 과천 (Lee, 1999a); [**서울**] 서울 (Mori, 1931), 북한산 (Lee, 1995), 우이동(牛耳洞) (Cho, 1971), 수유동(水踰洞) (2우, 12 VIII 2000), 화곡동(禾谷洞) (Lee, 1995); [**충북**] 속리산 (Mori, 1931; Kim et al., 1991); [**충남**] 계룡산 (Yoon and Nam, 1980); [**경북**] 주왕산 (Kim et al., 1985), 수도산 (Hayashi, 1978); [**경남**] 가야산 (Kamijo, 1932; Yoon et al., 1990), 백운산 (Park and Cho, 1986), 문수산 (Lee, 1995), 통도사(通度寺) (Kato, 1931a), 지리산 대원사 (Kishida, 1929b), 하동군 횡천면(橫川面) (Lee, 1995); [**전북**] 내장산 (Doi, 1932a), 지리산 뱀사골 (Park et al., 1993); [**전남**] 백양사 (Lee, 1995), 지리산 피아골 (Hyun and Woo, 1970), 광주 (Mori, 1931), 조계산 (Kim and Nam, 1977), 해남 대흥사(大興寺) (Lee, 1995), 두륜산(頭輪山) (Lee, 1995), 해남 대둔산 (Kim and Kim, 1972b), 홍도 (Cult. Inf. Min., 1968b); [**제주**] 제주도 (Ichikawa, 1906; Lee, 1995), 한라산 (Cult. Inf. Min., 1968a; Lee et al., 1985), 성판악(城板岳) (Lee et al., 1985), 안덕계곡 (Lee, 1995).

참매미 *Oncotympana fuscata* Distant, 1905

[**함북**] 무산령(茂山嶺) (Doi, 1932a), 부령(富寧) (Mori, 1931), 청진(淸津) (Mori, 1931), 나남(羅南) (Kishida, 1929a; Mori, 1931), 주을(朱乙) (Mori, 1931), 길주(吉州) (Mori, 1931), 성진(城津) (Cho, 1946); [**함남**] 동흥(東興) (Mori, 1931), 갑산(甲山) (Mori, 1931), 영흥(永興) (Mori, 1931), 석왕사(釋王寺) (Kato, 1931a); [**평북**] 신의주(新義州) (Mori, 1931); [**평남**] 직유령 (Doi, 1932a), 양덕(陽德) (Doi, 1934); [**황해**] 사리원 (Kato, 1931a); [**강원**] 통천 (Mori, 1931), 진부령 (Lee, 1995), 철원(鐵原) (Kim et al., 1974), 설악산 (Kim, 1960; Lee, 1995), 척산온천(尺山溫泉) (Lee, 1995), 속초시(束草市) 설악동(雪嶽洞) (Lee, 1999a), 점봉산(點鳳山) (Kim and Nam, 1984), 오봉산(五峰山) (Lee, 1995), 인제군 남면 (Lee, 1995), 가칠봉 (Kim and Nam, 1982), 삼봉약수(三峰藥水) (Lee, 1995), 오대산 소금강 (Lee, 1979a; Lee, 1995), 홍천군 내면 (Lee, 1995), 소계방산 (Kim and Nam, 1982), 계방산 (Lee, 1995), 홍천 (Mori, 1931), 정선군(旌善郡) 임계면(臨溪面) (Kim and Nam, 1978), 평창(平昌) (Lee, 1995), 치악

산 (Kim et al., 1976); [경기] 보개산 (Doi, 1932a), 광덕산(廣德山) (Kim and Nam, 1985; Lee, 1995), 백운산(白雲山) (Kim and Nam, 1985), 포천군 이동면 흥룡사 (Kim and Nam, 1985), 소요산 (Cho, 1946; Lee, 1995), 명지산 (Kim and Park, 1991b; Lee, 1995), 광릉 (For. Exp. Stat. Korea, 1959; Lee, 1995), 고령산 (Lee, 1995), 천마산 (Lee, 1995), 인천 (Lee, 1999a), 과천 (Lee, 1999a), 이천군 부발면 (Lee, 1995), 수원 (Kishida, 1929b), 이천군 설성산 (Lee, 1995), 이천군 설성면 (Lee, 1995), 대부도(大阜島) (Lee, 1999a), 덕적군도 (Kim, 1956), 덕적도 (Lee, 1995), 소야도 (Lee, 2001a), 굴업도 (Lee, 1999a, 2003c), 문갑도 (Lee, 1999a), 백아도(白牙島) (Lee, 1999a); [서울] 서울 (Kato, 1931a; Mori, 1931), 북한산 (Lee, 1995), 이문동 (Lee, 1995), 홍릉(洪陵) (Lee, 1995), 계동(桂洞) (Lee, 1995), 적선동(積善洞) (Lee, 1999a), 도렴동(都染洞) (Lee, 1999a), 저동(苧洞) (Lee, 1995), 능동(陵洞) (1♀, 14 VIII 1999), 압구정동 (Lee, 1995), 잠실 (Lee, 1995), 양재동(良才洞) (Lee, 1995); [충북] 청주(淸州) (Lee, 1979a), 속리산 (Mori, 1931; Kim et al., 1991); [충남] 태안(泰安) (Cho, 1946), 계룡산 (Yoon and Nam, 1980); [경북] 주왕산 (Kim et al., 1985), 팔공산 (Kamijo, 1932), 대구 (Kamijo, 1932), 수도산 (Hayashi, 1978), 가야산 (Cho, 1971); [경남] 거창군 위천면 조두산 (Lee, 1995), 백운산 (Park and Cho, 1986), 울산 (Lee, 1995), 문수산 (Lee, 1995), 통도사 (Kato, 1931a), 지리산 칠선계곡 (Park et al., 1993), 지리산 대원사 (Kishida, 1929b), 지리산 한신계곡 (Park et al., 1993), 부산(釜山) (Kato, 1931b); [전북] 임실군 삼계면 (Lee, 1999a), 내장산 (Doi, 1932a; Kim and Kim, 1974), 지리산 뱀사골 (Park et al., 1993); [전남] 백양산 (Kim and Kim, 1974), 백양사 (Lee, 1995), 곡성군 입면 (Lee, 1995), 지리산 피아골 (Nam and Kim, 1983), 광주 (Mori, 1931), 조계산 (Kim and Nam, 1977), 월출산 (Yoon et al., 1989), 해남 대둔산 (Kim and Kim, 1972b); [제주] 제주도 (Ichikawa, 1906), 한라산 (Cult. Inf. Min., 1968a; Lee et al., 1985), 어리목 (Lee et al., 1985), 안덕계곡 (Lee, 1995); [?] 송림리 (?) (Kato, 1932a).

애매미 *Meimuna opalifera* (Walker, 1850)

[강원] 진부령 (Lee, 1995), 설악산 (Kim, 1960), 점봉산 (Kim and Nam, 1984), 인제군 남면 (Lee, 1995), 인제군 상남면(上南面) (Lee, 1995), 가칠봉 (Kim and Nam, 1982), 홍천군 내면 (Lee, 1995), 홍천군 내촌면(乃村面) (Lee, 1995), 소계방산 (Kim and Nam, 1982), 계방산 (Kim and Nam, 1982; Lee, 1995), 홍천군 화촌면(化村面) (Lee, 1995), 홍천군 서석면 (Lee, 1995), 홍천 (Mori, 1931), 홍천군 서면 개야 (Cho, 1946), 홍천군 동면(東面) (Lee, 1995), 두타산(頭陀山) (Lee, 1995), 치악산 (Kim et al., 1976), 영월군 남면 (1♂, 1♀, 7 VIII 2001); [경기] 보개산 (Doi, 1932a), 광덕산 (Kim and Nam, 1985; Lee, 1995), 백운산 (Kim and Nam, 1985), 소요산 (Doi, 1932a), 명지산 (Kim and Park, 1991b), 광릉 (Lee, 1995), 고령산 (Lee, 1995), 천마산 (Lee, 1995), 고양시 (Lee, 2002), 남양주군 진건면 (Lee, 1995), 예봉산(禮蜂山) (Lee, 1999a), 성남시(城南市) (Lee, 1995), 과천 (Lee, 1999a), 무갑산

(Kim and Park, 1991a), 수원 (1우, 31 VIII 2000), 이천군 부발면 (Lee, 1995), 이천군 설성산 (Lee, 1995), 이천군 설성면 (Lee, 1995), 평택(平澤) (1우, 28 VIII 2000), 소야도 (Lee, 2001a), 굴업도 (Lee, 2003c), 문갑도 (Lee, 1999a); **[서울]** 서울 (Kato, 1931a), 북한산 (Lee, 1995), 저동 (Lee, 1995), 압구정동 (Lee, 1995), 잠실 (Lee, 1995), 잠원동(蠶院洞) (Lee, 1999a), 대치동(大峙洞) (Lee, 1995); **[충북]** 충주 (Lee, 1999a), 속리산 (Mori, 1931; Kim et al., 1991), 청원군 현도면 (Lee, 1995); **[충남]** 당진군 (唐津郡) 송악면(松嶽面) (2♂, 6우, 11 VIII 2001), 칠갑산 (Yoon and Nam, 1980), 계룡산 (Yoon and Nam, 1980), 대전(大田) (Lee, 1995); **[경북]** 봉화군 소천면(小川面) (Lee, 1995), 봉화군 법전면 (Lee, 1995), 봉화군 봉성면(鳳城面) (Lee, 1995), 봉화군 봉화읍(奉化邑) (Lee, 1995), 영주시(榮州市) (Lee, 1995), 영풍군(榮豊郡) 장수면(長壽面) (Lee, 1995), 예천군 감천면 (Lee, 1995), 예천군 예천읍(醴泉邑) (Lee, 1995), 주왕산 (Kim et al., 1985), 상주군 청리면 (Lee, 1995), 상주군 공성면 (Lee, 1995), 금릉군 어모면 (Lee, 1995), 수도산 (Hayashi, 1978), 울릉도 (Mori, 1931); **[경남]** 거창군 웅양면 (Lee, 1995), 거창군 주상면 (Lee, 1995), 거창군 위천면 (Lee, 1995), 함양군 수동면 (Lee, 1995), 울산 (Lee, 1995), 문수산 (Lee, 1995), 산청군 생초면 (Lee, 1995), 지리산 대원사 (Kishida, 1929b), 부산 (Kato, 1931b), 진양군 내동면 (Lee, 1995), 사천군 곤명면 (Lee, 1995), 하동군 적량면(赤良面) (Lee, 1995), 비진도 (Yoon and Nam, 1979); **[전북]** 완주군 삼례읍 (Lee, 1995), 임실군 삼계면 (1♂, 12 VIII 1999), 내장산 (Doi, 1932a; Kim and Kim, 1974), 순창군 순창읍 (Lee, 1995), 지리산 뱀사골 (Park et al., 1993); **[전남]** 백양산 (Doi, 1932a; Kim and Kim, 1974), 백양사 (Lee, 1995), 곡성군 입면 (Lee, 1995), 지리산 화엄사 (Hyun and Woo, 1970), 광주 (Mori, 1931), 백운산 (Lee, 1995), 조계산 (Kim and Nam, 1977), 월출산 (Yoon et al., 1989), 해남 대둔산 (Kim and Kim, 1972b), 홍도 (Cult. Inf. Min., 1968b; Lee, 1995), 흑산도(黑山島) (Lee, 1995), 소흑산도 (Shin and Noh, 1970); **[제주]** 제주도 (Ichikawa, 1906), 한라산 (Cult. Inf. Min., 1968a), 안덕계곡 (Lee, 1995).

쓰름매미 *Meimuna mongolica* (Distant, 1881)

[평남] 평양 (Matsumura, 1927; Mori, 1931); **[강원]** 홍천군 두촌면(斗村面) (Lee, 1995), 소계방산 (Kim and Nam, 1982), 계방산 (Kim and Nam, 1982), 홍천군 화촌면 (Lee, 1995), 홍천군 서석면 (Lee, 1995), 홍천 (Mori, 1931), 홍천군 동면 (Lee, 1995), 평창 (Lee, 1995), 원주시 매지리 (Lee, 1999a); **[경기]** 가평(加平) (Lee, 1995), 광릉 (Kato, 1927a; Lee, 1995), 천마산 (Lee, 1995), 고양시 대화동(大化洞) (Lee, 1999a), 태릉 (Matsumura, 1927), 양평군 옥천면(玉泉面) (Lee, 1995), 양평군 용문면 (Lee, 1995), 과천 (Lee, 1999a), 이천군 부발면 (Lee, 1995), 수원 (Matsumura, 1927; Kishida, 1929b), 이천군 설성면 (Lee, 1995), 덕적군도 (Kim, 1956); **[서울]** 서울 (Kato, 1927a; Matsumura, 1927; Mori, 1931), 북한산 (Lee, 1995), 방학동(放鶴洞) (Lee, 1995), 홍릉 (Lee, 1995), 명륜동(明倫洞) (Lee, 1995), 계동 (Lee, 1995), 연희동(延禧洞) (Lee, 1995), 저동 (Lee, 1995), 압구정동 (Lee, 1995),

양재동 (Lee, 1999a); [충북] 속리산 (Mori, 1931); [충남] 계룡산 (Doi, 1932a; Yoon and Nam, 1980); [경북] 봉화군 법전면 (Lee, 1995), 주왕산 (Kim et al., 1985), 금릉군 어모면 (Lee, 1995), 김천시 (Lee, 1995), 금릉군 구성면 (Lee, 1995), 팔공산 (Kamijo, 1932), 대구 (Kamijo, 1932), 경산 (Kamijo, 1932), 울릉도 (?) (Cho, 1955); [경남] 거창군 위천면 (Lee, 1995), 함양군 안의면 (Lee, 1995), 함양군 수동면 (Lee, 1995), 울산 (Lee, 1995), 산청군 생초면 (Lee, 1995), 산청군 오부면 (Lee, 1995), 산청군 신안면(新安面) (Lee, 1995), 진양군 내동면 (Lee, 1995), 사천군 곤명면 (Lee, 1995), 하동군 북천면 (Lee, 1995); [전북] 임실군 삼계면 (Lee, 1999a), 남원군 주천면 (Lee, 1995), 순창군 순창읍 (Lee, 1995), 순창군 금과면(金果面) (Lee, 1995); [전남] 곡성군 입면 (Lee, 1995), 광주 (Mori, 1931), 월출산 (Yoon et al., 1989), 홍도 (Cult. Inf. Min., 1968b), 소흑산도 (Shin and Noh, 1970); [제주] 제주도 (Cho, 1963; Lee, 1995), 한라산 (Cult. Inf. Min., 1968a).

소요산매미 *Leptosemia takanonis* Matsumura, 1917

[강원] 진부령 (1우, 7 VIII 2000), 설악산 (Kim et al., 1974; Lee, 1995), 외설악(外雪嶽) (Lee, 1995), 내설악(內雪嶽) (Lee, 1995), 소금강 (Lee, 1995), 가리왕산 (Lee, 1995), 평창군 원동재 (Lee, 1995), 영월군 남면 (Lee, 1995), 태백산 (Lee, 1995); [경기] 소요산 (Doi, 1931; Lee, 1995), 명지산 (Lee, 1995), 광릉 (Lee, 1995), 고령산 (Lee, 1995), 천마산 (Lee, 1995), 군포시(軍浦市) 수리산(修理山) (2우, 14 VII 1998, D.S. Ku leg.), 광주군(廣州郡) 태화산(泰華山) (Lee, 1995), 이천군 설성면 (Lee, 1995), 강화도 (江華島) (Lee, 1995), 덕적군도 (Kim, 1958); [서울] 북한산 (Lee, 1995); [충북] 천동리 (Lee, 1995), 월악산 (Lee, 1995); [경북] 선달산(先達山) (1우, 29 VI 1988), 주왕산 (Kim et al., 1985), 팔공산 (Kamijo, 1933); [경남] 통도사 (Lee, 1995), 쌍계사(雙磎寺) (Lee, 1995), 부산 (Mori, 1931), 비진도 (Yoon and Nam, 1979), 국도(國島) (Yoon and Nam, 1979); [전북] 관촌(館村) (Cho, 1946), 내장산 (Kim and Kim, 1974; Lee, 1995), 남원군 지리산 (Kim and Park, 1991), 지리산 뱀사골 (Park et al., 1993); [전남] 백암산 (1우, 29 VI 1999), 백양사 (Lee, 1999a), 지리산 피아골 (Lee, 1995), 화엄사 (Lee, 1995), 목포 (Mori, 1931), 완도 (Mori, 1931).

세모배매미 *Cicadetta montana* (Scopoli, 1772)

[함북] 청진 (Kato, 1938b); [강원] 설악산 백담사(百潭寺) (Lee, 1995), 가칠봉 (Lee, 1995), 오대산 (Lee, 1995), 계방산 (Lee, 1998), 평창군 용평면(龍平面) 속사리(束沙里) (Lee, 1995).

두눈박이좀매미 *Cicadetta admirabilis* (Kato, 1927)

[함북] 경원(慶源) (Kato, 1932a), 경원군 안농면 (Lee, 1999a), 회령(會寧) (Kato, 1927b), 무산령 (?) (Doi, 1932a), 청진 (?) (Mori, 1931), 나남 (?) (Mori, 1931); [함남] 갑산 (?) (Mori, 1931), 후치령(厚峙

嶺) (?) (Mori, 1931), 대덕산(大德山) (?) (Doi, 1932a); [**평남**] 양덕 (?) (Doi, 1932a); [**강원**] 금강산 (?) (Cho, 1946), 홍천 (?) (Mori, 1931), 홍천군 서면 개야 (?) (Cho, 1946); [**서울**] 서울 (?) (Cho, 1946); [**충북**] 속리산 (?) (Cho, 1971).

호좀매미 *Cicadetta yezoensis* (Matsumura, 1898)

[**함남**] 풍산군(豊山郡) 이파(梨坡) 1,150 m의 산 (Kato, 1931c); [**강원**] 미시령(彌矢嶺) (Lee, 1995), 설악산 (Lee, 1995), 광덕산 (Lee, 1995), 홍천군 내면 (Lee, 1995), 계방산 (1♂, 9 VIII 2001), 홍천군 서석면 (Lee, 1995), 두타산 (Lee, 1995); [**경기**] 천마산 (Lee, 1995); [**충북**] 속리산 (Cho, 1971); [**경북**] 소백산 (Lee, 1995); [**경남**] 거창군 위천면 조두산 (Lee, 1995).

풀매미 *Cicadetta pellosoma* (Uhler, 1862)

[**함북**] 청진 (Mori, 1931), 나남 (Mori, 1931), 성진 (Mori, 1931); [**함남**] 갑산 (Mori, 1931), 흥남 (Kato, 1932a); [**평북**] 신의주 (Mori, 1931); [**평남**] 평양 (Mori, 1931), 모단대(牡丹臺) (Kato, 1932a); [**황해**] 사리원 (Kato, 1931a), 해주 (Mori, 1931); [**강원**] 광덕산 (Lee et al., 2004), 홍천 (Mori, 1931), 홍천군 서면 개야 (Cho, 1946); [**경기**] 광릉 (For. Exp. Stat. Korea, 1959), 고령산 (Lee, 1995), 서오릉(西五陵) (Lee, 1995); [**서울**] 서울 (Kato, 1932a), 진관사(津寬寺) (Lee, 1995), 구파발(舊把撥) (Lee, 1995); [**경북**] 불영계곡(佛影溪谷) (Lee, 1995), 의성(義城) (Haku, 1937); [**제주**] 제주시 노형동(老衡洞) (6♂, 29 VII 1999, S.-S. Kim leg.), 아라리(我羅里) (Lee, 1995), 한라산 어승생악(御乘生岳) (1♂, 29 VII 1972).

고려풀매미 *Cicadetta isshikii* (Kato, 1926)

[**함북**] 회령 (Doi, 1932a), 무산(Cho, 1971), 나남 (Mori, 1931); [**함남**] 후치령 (Mori, 1931), 대덕산 (Cho, 1946), 석왕사 (Kato, 1926; Lee, 1995); [**평남**] 영원 (Kato, 1932a), 맹산 (Mori, 1931); [**강원**] 외금강(外金剛) (Lee, 1995), Kankakei (Kato, 1927b), 양구군(楊口郡) 동면(東面) (Lee, 1995), 백담사 (Lee, 1995), 광덕산 (Lee et al., 2004), 점봉산 (Lee, 1999a), 계방산 (Lee, 1999a), 홍천 (Mori, 1931), 홍천군 서면 개야 (Cho, 1946), 용평(龍平) (Lee, 1995), 평창군 대화면(大和面) (Lee, 1995), 가리왕산 (Lee, 1995), 원동재(Lee, 1995), 원주시 매지리 (Lee, 1999a), 영월군 남면 (Lee, 1995), 상동(上東) (Lee, 1999a); [**경기**] 호천(戶川) (Cho, 1946), 광릉 (Kato, 1932a); [**서울**] 구파발 (Lee, 1995), 북악산(北岳山) (Lee, 1995); [**충북**] 월악산 (Lee, 1995); [**충남**] 금산군(錦山郡) 남이면(南二面) 진락산(進樂山) (Lee, 1999a); [**경북**] 청량산(淸凉山) (Lee, 1995), 수도산 (Hayashi, 1978); [**경남**] 울주군(蔚州郡) 상북면(上北面) (Lee, 1995); [**전북**] 무주군(茂朱郡) 무주읍(茂朱邑) (Lee, 1999a), 무주구천동(茂朱九千洞) (Kim and Kim, 1972a; Lee, 1995), 남원군 지리산 (Kim and Park, 1991), 지리산 뱀사골 (Park et al., 1993).

한국산 매미의 이명목록/ Synonymic List of Cicadidae from Korea

Family Cicadidae

Subfamily Cicadinae

<u>Tribe Platypleurini</u>

Genus *Platypleura* Amyot and Audinet-Serville, 1843

Platypleura Amyot and Audinet-Serville, 1843, Hist. nat. Ins. Hém., p. 465. Type-species: *Cicada stridula* Westwood, 1845 [Type-locality: South Africa].

Platypleura kaempferi (Fabricius, 1794)

Tettigonia kaempferi Fabricius, 1794: 23 [Type-locality: Japan].

Platypleura kaempferi: Okamoto, 1924: 60; Kato, 1925: 2; Kato, 1927a: 20; Kishida, 1929b: 132; Kato, 1930a: 147; Kato, 1930b: 45; Saito, 1931: 73; Kato, 1931a: 64; Mori, 1931: 12; Kamijo, 1932: 22; Doi, 1932a: 42; Kato, 1932a: 222; Kato, 1933b, pl. 1; Kato, 1933c: 1; Kato, 1934: 145; Okamoto, 1934: 405; Kato, 1938a: 2; Ôuchi, 1938: 76; Cho, 1946: 17; Cho, 1955: 228; Kato, 1956: 105; Kim, 1956: 338; Kim, 1958: 94; For. Exp. Stat., 1959: 86; Cho, 1963: 171; Cho, 1965: 173; Cult. Inf. Min., 1968a: 247; Cult. Inf. Min., 1968b: 375; Hyun and Woo, 1969: 165; Chu, 1969: 36; Seok, 1970: 161; Shin and Noh, 1970: 35; Cho, 1971: 456, 602; Kim and Kim, 1972b: 194; Kim and Kim, 1974: 105; Kim and Nam, 1977: 126; Hayashi, 1978: 243; Yoon and Nam, 1979: 80; Lee, 1979a: 750, 997; Lee, 1979b: 152; Yoon and Nam, 1980: 136; Shin and Park, 1981: 130, 131, 132, 135, 136; Lee and Kwon, 1981: 149; Kim and Nam, 1982: 124; Nam and Kim, 1983: 127; Duffels and van der Laan, 1985: 21; Kim *et al.*, 1985: 99; Lee *et al.*, 1985: 371; Park and Cho, 1986: 126; Yoon *et al.*, 1989: 139; Yoon *et al.*, 1990: 109; Kim *et al.*, 1991: 173; Kim and Park, 1991: 49; Park *et al.*, 1993: 170; Ent. Soc. Kor. and Kor. Soc. Appl. Ent., 1994: 97; Lee, 1995: 53; Lee, 1999a: 18; Lee, 1999b: 2; Lee, 2003a: 47.

Genus *Suisha* Kato, 1928

Suisha Kato, 1928, Ins. World, Gifu, 32: 183. Type-species: *Dasypsaltria formosana* Kato, 1927 [Type-locality: Formosa].

Suisha coreana (Matsumura, 1927)

Pycna coreana Matsumura, 1927: 46 [Type-locality: Tairyo, Corea]; Schmidt, 1932: 118.

Dasypsaltria coreana Kato, 1927b: 274 [Type-locality: Suigen, Corea].

Suisha coreana: Kato, 1928: 184; Kishida, 1929b: 133; Kato, 1930b: 45; Kato, 1931a: 65, 68; Mori, 1931: 12; Doi, 1932a: 30, 42; Kato, 1932a: 233; Kato, 1933a: 13; Kato, 1933b, pl. 2; Kato, 1933d: 8; Okamoto, 1934: 405; Kato, 1935: 9; Kato, 1938a: 3; Cho, 1946: 17; Kato, 1956: 103, 105; Kurosawa, 1969: 74; Chu, 1969: 36; Cho, 1971: 457, 603; Kim *et al*., 1974: 209; Kim *et al*., 1976: 95; Lee, 1979a: 751, 998; Duffels and van der Laan, 1985: 35; Kim *et al*., 1985: 100; Kim and Park, 1991a: 153; Ent. Soc. Kor. and Kor. Soc. Appl. Ent., 1994: 97; Lee, 1995: 59; Lee, 1999a: 24; Lee, 1999b: 3.

Tribe Tibicenini

Genus *Tibicen* Latreille, 1825

Tibicen Latreille, 1825, Fam. Nat. Règne Anim., p. 426. Type-species: *Cicada plebeja* Scopoli, 1763 [Type-locality: Europe].

Lyristes Horváth, 1926, Ann. Mus. natl. Hung., 23: 96. Type-species: *Cicada plebeja* Scopoli, 1763 [Type-locality: Europe].

Tibicen intermedius Mori, 1931

Cicada bihamata Kishida, 1929a: 109; Kato, 1930a: 149 (*Tibicen*); Kato, 1930b: 45 (*Tibicen*); Mori, 1931: 13 (*Tibicen*); Kato, 1932a: 243 (*Tibicen bihamatus*); Kato, 1933b, pl. 4 (*Tibicen bihamatus*); Kato, 1933c: 2 (*Tibicen bihamatus*); Okamoto, 1934: 405 (*Tibicen bihamatus*); Kato, 1937a: 384 (*Tibicen bihamatus*); Kato, 1938a: 5 (*Tibicen bihamatus*); Cho, 1946: 18 (*Tibicen bihamatus*); Chu, 1969: 37 (*Tibicen bihamatus*); Cho, 1971: 460, 603 (*Tibicen bihamatus*); Lee, 1979a: 755, 999 (*Tibicen bihamatus*); Ent. Soc. Kor. and Kor. Soc. Appl. Ent., 1994: 97 (*Tibicen bihamatus*) (nec Motschulsky, 1861).

Tibicen japonica: Mori, 1931: 13; Lee, 1979a: 755 (*japonicus*); Kim and Park, 1991: 49 (*japonicus*); Park *et al*., 1993: 170 (*japonicus*) (nec Kato, 1925).

Tibicen intermedia Mori, 1931: 13 [Type-locality: Mt. Songnisan, Korea]; Kamijo, 1932: 22; Kato, 1932a: 247 (*intermedius*); Kato, 1933c: 3 (*intermedius*); Okamoto, 1934: 406 (*intermedius*); Kato, 1937a: 385 (*intermedius*); Kato, 1938a: 6 (*intermedius*); Cho, 1946: 18 (*intermedius*);

Kato, 1956: 106 (*intermedius*); Chu, 1969: 37; Cho, 1971: 461, 604 (*intermedius*); Hayashi, 1978: 243 (*intermedius*); Lee, 1979a: 755, 1001 (*intermedius*); Duffels and van der Laan, 1985: 70 (*intermedius*); Yoon et al., 1990: 109 (*intermedius*); Kim et al., 1991: 173 (*intermedius*); Ent. Soc. Kor. and Kor. Soc. Appl. Ent., 1994: 97 (*intermedius*); Lee, 1995: 64 (*intermedius*); Lee, 1999a: 28 (*intermedius*); Lee, 1999b: 4 (*intermedius*).

Tibicen flammata: Mori, 1931: 14; Kato, 1932a: 250 (*flammatus*); Kato, 1933b, pl. 3 (*flammatus*); Kato, 1933c: 3 (*flammatus*); Kato, 1934: 149 (*flammatus*); Okamoto, 1934: 406 (*flammatus*); Kato, 1937a: 385 (*flammatus*); Kato, 1938a: 6 (*flammatus*); Cho, 1946: 19 (*flammatus*); Kato, 1956: 106 (*flammatus*); Chu, 1969: 37 (*flammatus*); Cho, 1971: 463, 605 (*flammatus*); Lee, 1979a: 755, 1000 (*flammatus*); Park and Cho, 1986: 127 (*flammatus*); Kim and Park, 1991: 49 (*flammatus*); Park et al., 1993: 170 (*flammatus*); Ent. Soc. Kor. and Kor. Soc. Appl. Ent., 1994: 97 (*flammatus*) (nec Distant, 1892).

Lyristes horni Schmidt, 1932: 121 [Type-locality: Seiskin, Korea].

Tibicen japonicus (Kato, 1925)

Cicada japonica Kato, 1925: 8 [Type-locality: Hokkaido and Honshu, Japan].

Tibicen japonicus: Kato, 1932a: 248; Kato, 1933b, pl. 3; Kato, 1933c: 3; Kato, 1934: 149; Doi, 1934: 67; Okamoto, 1934: 406; Cho, 1946: 18 (*japonica*); Kato, 1956: 104, 105; Chu, 1969: 37 (*japonica*); Cho, 1971: 461, 604; Kim and Kim, 1974: 105; Kim et al., 1976: 95; Lee, 1979a: 755, 1001; Duffels and van der Laan, 1985: 70; Kim et al., 1991: 173; Ent. Soc. Kor. and Kor. Soc. Appl. Ent., 1994: 97; Lee, 1995: 68; Lee, 1999a: 32; Lee, 1999b: 4.

Tibicen dolichoptera Mori, 1931: 14 [Type-locality: Mt. Paegyangsan, Korea].

Tibicen japonicus var. *dolichopterus* Kato, 1932a: 249; Kato, 1933c: 3 (var. *dolichoptera*); Okamoto, 1934: 406 (var. *dolichoptera*); Kato, 1937a: 385; Kato, 1938a: 6; Cho, 1946: 19 (*japonica* var. *dolichoptera*); Cho, 1971: 462 (*japonica* var. *dodichopterus* [sic]); Kim and Kim, 1974: 105.

Genus *Cryptotympana* Stål, 1861

Cryptotympana Stål, 1861, Ann. Soc. ent. Fr., (4), 1: 613. Type-species: *Tettigonia pustulata* Fabricius, 1787 [Type-locality: China].

Cryptotympana atrata (Fabricius, 1775)

Tettigonia atrata Fabricius, 1775: 681 [Type-locality: China]; Duffels and van der Laan, 1985: 80

(*Cryptotympana*); Hayashi, 1987: 33.

Cryptotympana atrata: Lee, 1999a: 35; Lee, 1999b: 5.

Cryptotympana dubia Haupt, 1917: 229 [Type-locality: Tsingtau, China]; Lee, 1979a: 757; Lee, 1979b: 152, 1003; Yoon and Nam, 1980: 136; Kim and Nam, 1982: 124; Kim *et al*., 1985: 100; Lee *et al*., 1985: 371; Kim *et al*., 1991: 173; Kim and Park, 1991: 49; Park *et al*., 1993: 170; Ent. Soc. Kor. and Kor. Soc. Appl. Ent., 1994: 96; Lee, 1995: 71.

Cryptotympana coreanus Kato, 1925: 13 [Type-locality: Corea]; Kato, 1927a: 23 (*coreana*); Kishida, 1929b: 133 (*coreana*); Kato, 1930a: 150 (*coreana*); Kato, 1930b: 45 (*coreana*); Kato, 1931a: 64, 65, 68 (*coreana*); Kato and Suganuma, 1931: 167 (*coreana*); Kato, 1931c: 180 (*coreana*); Mori, 1931: 14 (*coreana*); Kamijo, 1932: 22 (*coreana*); Doi, 1932a: 42 (*coreana*); Kato, 1932a: 259 (*coreana*); Kato, 1933b, pl. 9 (*coreana*); Kato, 1933c: 4 (*coreana*); Cho, 1946: 19 (*coreana*); Kato, 1956: 105 (*coreana*); Kim, 1956: 338 (*coreana*); Kim, 1958: 94 (*coreana*); For. Exp. Stat., 1959: 86 (*coreana*); Lee, 1961: 105 (*coreana*); Cho, 1963: 171 (*coreana*); Cult. Inf. Min., 1968a: 247 (*coreana*); Chu, 1969: 35 (*coreana*); Seok, 1970: 160 (*coreana*); Hyun and Woo, 1970: 76 (*coreana*); Cho, 1971: 463, 605 (*coreana*); Hayashi, 1978: 244 (*coreana*).

Cryptotympana dubia f. *coreana*: Kato, 1933d: 8; Kato, 1934: 152 (*dubia* var.); Okamoto, 1934: 406; Kato, 1938a: 8 (*dubia* subsp.).

Tribe Polyneurini

Genus *Graptopsaltria* Stål, 1866

Graptopsaltria Stål, 1866, Hem. afr., 4: 3. Type-species: *Graptopsaltria colorata* Stål, 1866 [Type-locality: Japonia].

Graptopsaltria nigrofuscata (Motschulsky, 1866)

Fidicina nigrofuscata Motschulsky, 1866: 185 [Type-locality: Japon].

Graptopsaltria nigrofuscata: Kato, 1933a: 13; Kato, 1933b, pl. 3; Kato, 1933c: 2; Okamoto, 1934: 405; Kato, 1935: 9; Kato, 1938a: 4; Kato, 1956: 105; Kim, 1960: 23; Cult. Inf. Min., 1968b: 375; Chu, 1969: 35; Seok, 1970: 161; Hyun and Woo, 1970: 76; Cho, 1971: 458, 603; Kim and Kim, 1972b: 194; Kim *et al*., 1976: 95; Kim and Nam, 1977: 126; Hayashi, 1978: 244; Lee, 1979a: 766, 1008; Yoon and Nam, 1980: 136; Nam and Kim, 1983: 127; Duffels and van der Laan, 1985: 44; Kim *et al*., 1985: 100; Lee *et al*., 1985: 371; Kim and Nam, 1985: 98; Park and

Cho, 1986: 126; Yoon *et al.*, 1990: 109; Kim *et al.*, 1991: 173; Kim and Park, 1991: 49; Park *et al.*, 1993: 170; Ent. Soc. Kor. and Kor. Soc. Appl. Ent., 1994: 96; Lee, 1995: 76; Lee, 1999a: 41; Lee, 1999b: 6.

Graptopsaltria colorata Stal, 1866: 169 [Type-locality: Japonia]; Ichikawa, 1906: 184 (*Graptosaltia* [sic] *corolata* [sic]); Okamoto, 1924: 60; Kato, 1925: 4; Kato, 1927a: 21; Kishida, 1929b: 133; Kato, 1930b: 45; Saito, 1931: 73; Kato, 1931a: 64; Mori, 1931: 13; Kamijo, 1932: 22 (*Graptosaltria* [sic]); Doi, 1932a: 42; Kato, 1932a: 237; Cho, 1946: 18; For. Exp. Stat., 1959: 86; Cho, 1963: 171; Cult. Inf. Min., 1968a: 247.

Tribe Oncotympanini

Genus *Oncotympana* Stål, 1870

Pomponia (*Oncotympana*) Stål, 1870, Öfv. Svensk. Vet.-Akad. Förh., 27: 710. Type-species: *Pomponia* (*Oncotympana*) *pallidiventris* Stål, 1870 [Type-locality: Philippines].

Oncotympana: Distant, 1905, Ann. Mag. nat. Hist., (7), 15: 60.

Oncotympana fuscata Distant, 1905

Oncotympana fuscata Distant, 1905b: 558 [Type-locality: North China]; Lee, 1979a: 761, 1005; Yoon and Nam, 1980: 136; Kim and Nam, 1982: 124; Kim and Nam, 1984: 87; Kim *et al.*, 1985: 100; Lee *et al.*, 1985: 371; Kim and Nam, 1985: 98; Park and Cho, 1986: 127; Kim *et al.*, 1991: 173; Kim and Park, 1991: 49; Kim and Park, 1991b: 181; Park *et al.*, 1993: 170; Ent. Soc. Kor. and Kor. Soc. Appl. Ent., 1994: 97; Lee, 1995: 80; Lee, 1999a: 45; Lee, 1999b: 6; Lee, 2001a: 51.

Pomponia maculaticollis: Ichikawa, 1906: 184; Okamoto, 1924: 60 (*Oncotympana*); Kato, 1925: 26 (*Oncotympana*); Kato, 1927a: 31 (*Oncotympana*); Saito, 1931: 73 (*Oncotympana*); Mori, 1931: 17 (*Oncotympana*); Kamijo, 1932: 22 (*Ancotympana* [sic]); Kato, 1932a: 317 (*Oncotympana*); Kato, 1938a: 16 (*Oncotympana*); Kato, 1956: 105 (*Oncotympana*); Kim, 1960: 24 (*Oncotympana*); Lee, 1979a: 761, 1006 (*Oncotympana*); Duffels and van der Laan, 1985: 147 (*Oncotympana*); Anufriev and Emeljanov, 1988: 318 (*Oncotympana*); Park and Han, 1992: 139 (*Oncotympana*); Ent. Soc. Kor. and Kor. Soc. Appl. Ent., 1994: 97 (*Oncotympana*) (nec Motschulsky, 1866).

Oncotympana coreanus Kato, 1925: 27 [Type-locality: Corea]; Kato, 1927a: 31 (*coreana*); Kishida,

1929a: 109 (*coreana*); Kishida, 1929b: 134 (*coreana*); Kato, 1930b: 46 (*coreana*); Kato, 1931a: 65, 68 (*coreana*); Kato, 1931b: 129 (*coreana*); Mori, 1931: 17 (*coreana*); Kamijo, 1932: 22 (*coreana*); Doi, 1932a: 43 (*coreana*); Kato, 1932a: 320 (*coreana*); Kato, 1933a: 13 (*coreana*); Kato, 1933b, pls. 26-27 (*coreana*); Kato, 1933c: 10 (*coreana*); Kato, 1934: 156 (*coreana*); Okamoto, 1934: 406 (*coreana*); Kato, 1935: 5 (*coreana*); Kato, 1938a: 17 (*coreana*); Ôuchi, 1938: 93 (*coreana*); Cho, 1946: 20 (*coreana*); Kato, 1956: 104, 105 (*coreana*); Kim, 1956: 338 (*coreana*); Kim, 1958: 94 (*coreana*); For. Exp. Stat., 1959: 86 (*coreana*); Cho, 1963: 171 (*coreana*); Cult. Inf. Min., 1968a: 247 (*coreana*); Chu, 1969: 36 (*coreana*); Seok, 1970: 161 (*coreana*); Cho, 1971: 466, 606 (*coreana*); Kim and Kim, 1972b: 194 (*coreana*); Kim and Kim, 1974: 105 (*coreana*); Kim *et al*., 1974: 209 (*coreana*); Kim *et al*., 1976: 95 (*coreana*); Kim and Nam, 1977: 126 (*coreana*); Kim and Nam, 1978: 130 (*coreana*); Nam and Kim, 1983: 127 (*coreana*); Duffels and van der Laan, 1985: 146 (*coreana*); Yoon *et al*., 1989: 139 (*coreana*).

Oncotympana nigrodorsalis Mori, 1931: 18 [Type-locality: Cheongjin, Korea].

Oncotympana coreana var. *nigrodorsalis*: Kato, 1932a: 322; Kato, 1933b, pl. 27; Kato, 1933c: 10; Doi, 1934: 67; Okamoto, 1934: 406; Kato, 1935: 8 (*coreana* f.); Kato, 1938a: 17; Cho, 1946: 20; Kato, 1956: 104.

Oncotympana maculaticollis fuscata: Kurosawa, 1969: 75; Hayashi, 1978: 244; Duffels and van der Laan, 1985: 149.

Tribe Dundubiini

Subtribe Dundubiina

Genus *Meimuna* Distant, 1905

Meimuna Distant, 1905a, Ann. Mag. nat. Hist., (7), 15: 67. Type-species: *Dundubia tripurasura* Distant, 1885 [Type-locality: India, Indochina and China].

Meimuna opalifera (Walker, 1850)

Dundubia opalifera Walker, 1850: 56 [Type-locality: Corea].

Cosmopsaltria opalifera: Ichikawa, 1906: 184.

Meimuna opalifera: Distant, 1906: 66; Matsumura, 1917: 198; Okamoto, 1924: 60; Kato, 1925: 22; Kato, 1927a: 29; Kishida, 1929b: 133; Kato, 1930b: 45; Saito, 1931: 73; Kato, 1931a: 64, 68;

Kato, 1931b: 129; Mori, 1931: 15; Doi, 1932a: 43; Kato, 1932a: 335; Schmidt, 1932: 127; Kato, 1933b, pl. 14; Kato, 1933c: 11; Kato, 1934: 155; Okamoto, 1934: 406; Kato, 1938a: 19; Cho, 1946: 21; Cho, 1955: 228; Kato, 1956: 105; Kim, 1960: 24; Cho, 1963: 171; Cho, 1965: 173; Cult. Inf. Min., 1968a: 247; Cult. Inf. Min., 1968b: 375; Chu, 1969: 36; Seok, 1970: 161; Shin and Noh, 1970: 35; Hyun and Woo, 1970: 76; Cho, 1971: 467, 606; Kim and Kim, 1972b: 194; Kim and Kim, 1974: 105; Kim *et al.*, 1976: 95; Kim and Nam, 1977: 126; Hayashi, 1978: 244; Yoon and Nam, 1979: 80; Lee, 1979a: 768, 1010; Yoon and Nam, 1980: 136; Lee and Kwon, 1981: 149; Kim and Nam, 1982: 124; Kim and Nam, 1984: 87; Duffels and van der Laan, 1985: 127; Kim *et al.*, 1985: 100; Lee *et al.*, 1985: 371; Kim and Nam, 1985: 98; Yoon *et al.*, 1989: 139; Kim *et al.*, 1991: 173; Kim and Park, 1991: 49; Kim and Park, 1991a: 153; Kim and Park, 1991b: 181; Park *et al.*, 1993: 170; Ent. Soc. Kor. and Kor. Soc. Appl. Ent., 1994: 97; Lee, 1995: 86; Lee, 1999a: 51; Lee, 1999b: 8.

Meimuna opalifera var. *nigroventris* Kato, 1927a: 29; Kato, 1931a: 65; Kato, 1932a: 336; Kato, 1933c: 11; Okamoto, 1934: 406; Kato, 1938a: 19; Cho, 1946: 21; Cho, 1971: 468.

Meimuna mongolica (Distant, 1881)

Cosmopsaltria mongolica Distant, 1881: 638 [Type-locality: China].

Meimuna mongolica: Kato, 1925: 25; Kato, 1927a: 30; Kato, 1932a: 348; Kato, 1932b: 66; Kato, 1933b, pl. 18; Kato, 1933c: 12; Kato, 1934: 155; Okamoto, 1934: 406; Kato, 1938a: 21; Ôuchi, 1938: 89; Cho, 1946: 21; Cho, 1955: 228; Kato, 1956: 105; Kim, 1956: 338; Kim, 1958: 94; For. Exp. Stat., 1959: 86; Cho, 1963: 171; Cho, 1965: 173; Cult. Inf. Min., 1968a: 247; Cult. Inf. Min., 1968b: 375; Chu, 1969: 36; Shin and Noh, 1970: 35; Cho, 1971: 469, 606; Lee, 1979a: 767, 1010; Yoon and Nam, 1980: 136; Lee and Kwon, 1981: 149; Kim and Nam, 1982: 124; Duffels and van der Laan, 1985: 127; Kim *et al.*, 1985: 100; Lee *et al.*, 1985: 371; Yoon *et al.*, 1989: 139; Kim *et al.*, 1991: 173; Ent. Soc. Kor. and Kor. Soc. Appl. Ent., 1994: 97; Lee, 1995: 91; Lee, 1999a: 56; Lee, 1999b: 8.

Meimuna suigensis Matsumura, 1927: 50 [Type-locality: Suigen, Corea]; Kishida, 1929b: 134; Kato, 1930b: 46; Kato, 1931a: 64, 65, 68; Mori, 1931: 15; Kamijo, 1932: 22; Doi, 1932a: 43; Schmidt, 1932: 127.

Meimuna chosensis Matsumura, 1927: 52 [Type-locality: Tairyo, Corea]; Kato, 1930b: 46; Mori, 1931: 16; Kamijo, 1932: 22; Doi, 1932a: 43; Schmidt, 1932: 128.

Meimuna heijonis Matsumura, 1927: 52 [Type-locality: Heijo, Corea]; Kato, 1930b: 46; Schmidt,

1932: 128.

Meimuna galloisi Matsumura, 1927: 53 [Type-locality: Seoul, Corea]; Kato, 1930b: 46; Schmidt, 1932: 128.

Tanna japonensis: Cho, 1971: 465, 605 (nec Distant, 1892).

Subtribe Cicadina

Genus *Leptosemia* Matsumura, 1917

Leptosemia Matsumura, 1917, Trans. Sapporo nat. Hist. Soc., 6: 196. Type-species: *Leptopsaltria sakaii* Matsumura, 1913 [Type-locality: Formosa].

Chosenosemia Doi, 1931, J. Chosen nat. Hist. Soc., (12): 52. Type-species: *Chosenosemia souyoensis* Doi, 1931 [Type-locality: Mt. Soyosan, Korea].

Leptosemia takanonis Matsumura, 1917

Leptosemia takanonis Matsumura, 1917: 196 [Type-locality: Prov. Szehuen, Western China]; Kato, 1933d: 8; Kato, 1934: 158; Okamoto, 1934: 406; Kato, 1938a: 22; Lee, 1979a: 768, 1012; Duffels and van der Laan, 1985: 155; Kim *et al.*, 1985: 100; Kim and Park, 1991: 49; Park *et al.*, 1993: 170; Ent. Soc. Kor. and Kor. Soc. Appl. Ent., 1994: 97; Lee, 1995: 96; Lee, 1999a: 61; Lee, 1999b: 9.

Cicada takanonis: Kato, 1956: 105.

Euterpnosia inanulata Kishida, 1929b: 134 [Type-locality: Templ. Daewonsa, Mt. Jirisan]; Mori, 1931: 18; Kato, 1932a: 294; Kato, 1933c: 8; Okamoto, 1934: 406; Kato, 1938a: 13; Cho, 1946: 20; Kato, 1956: 105 (*Euterpnosia*?); Chu, 1969: 35; Cho, 1971: 464, 605; Lee, 1979a: 758, 1004; Kim and Park, 1991: 49; Ent. Soc. Kor. and Kor. Soc. Appl. Ent., 1994: 96 (nec Kishida, 1929).

Leptosemia sakaii: Mori, 1931: 18; Kim, 1958: 94 (nec Matsumura, 1913).

Chosenosemia souyoensis Doi, 1931: 52 [Type-locality: Mt. Soyosan, Korea]; Doi, 1932a: 33, 43 (*Leptosemia*); Kato, 1932a: 357 (*Leptosemia*); Kamijo, 1933: 58 (*Leptosemia*); Kato, 1933b, pl. 28 (*Leptosemia*); Kato, 1933c: 13 (*Leptosemia*); Ôuchi, 1938: 84 (*Leptosemia*); Cho, 1946: 22 (*Leptosemia*); Chu, 1969: 36 (*Leptosemia* [sic]); Cho, 1971: 470, 607 (*Leptosemia*); Kim and Kim, 1974: 105 (*Leptosemia*); Kim et al., 1974: 209 (*Leptosemia*); Yoon and Nam, 1979: 80 (*Leptosemia*).

Tana [sic] *japonensis*: Hyun and Woo, 1969: 165 (nec Distant, 1892).

Subfamily Tibicininae

Tribe Cicadettini

Genus *Cicadetta* Kolenati, 1857

Cicadetta Kolenati, 1857, Bull. Soc. natl. Moscou, Biol., 30: 417. Type-species: *Cicada montana* Scopoli, 1772 [Type-locality: Europe].

Melampsalta Kolenati, 1857, Bull. Soc. natl. Moscou, Biol., 30: 425. Type-species: *Cicada musiva* Germar, 1830.

Kosemia Matsumura, 1927, Ins. mats., 2: 55. Type-species: *Melampsalta sachalinensis* (Matsumura, 1917) [Type-locality: Odomari and Toyohara, Saghalien].

Leptopsalta Kato, 1928, Ins. World, Gifu, 32: 185. Type-species: *Melampsalta radiator* Uhler, 1896 [Type-locality: Japan].

Cicadetta montana (Scopoli, 1772)

Cicada montana Scopoli, 1772: 109 [Type-locality: Europe].

Cicadetta montana: Anufriev and Emeljanov, 1988: 315; Lee, 1998: 59; Lee, 1999a: 66; Lee, 1999b: 10; Lee *et al.*, 2002: 7.

Takapsalta ichinosawana: Kato, 1943: 4; Kato, 1956: 141; Lee, 1979a: 772, 1016; Duffels and van der Laan, 1985: 279; Ent. Soc. Kor. and Kor. Soc. Appl. Ent., 1994: 97; Lee, 1995: 101 (nec Matsumura, 1927).

Cicadetta sp.: Gogala and Trilar, 2004: 322.

Cicadetta admirabilis (Kato, 1927)

Melampsalta? *admirabilis* Kato, 1927b: 282 [Type-locality: Kwainei, Corea].

Leptopsalta admirabilis: Kato, 1928: 186; Kato, 1930b: 46; Mori, 1931: 20; Doi, 1932a: 43; Kato, 1932a: 395; Kato, 1933a: 2, 14; Kato, 1933b, pl. 38; Kato, 1933c: 17; Okamoto, 1934: 406; Kato, 1935: 11; Kato, 1938a: 28; Cho, 1946: 22; Kato, 1956: 104, 106; Chu, 1969: 36; Cho, 1971: 473, 608; Lee, 1979a: 773, 1016; Duffels and van der Laan, 1985: 279; Ent. Soc. Kor. and Kor. Soc. Appl. Ent., 1994: 97.

Cicadetta admirabilis: Lee, 1999a: 69; Lee, 1999b: 11; Lee, 2000: 4; Lee *et al.*, 2002: 7.

Leptopsalta admirabilis var. *kishidai* Kato, 1932a: 395 [Type-locality: Keigen, Corea]; Kato, 1933b, pl. 38; Kato, 1933c: 17; Okamoto, 1934: 406; Cho, 1946: 23; Cho, 1971: 473.

Leptopsalta kishidai: Kato, 1938a: 28; Kato, 1956: 104; Lee, 1979a: 773, 1017; Duffels and van der Laan, 1985: 280; Ent. Soc. Kor. and Kor. Soc. Appl. Ent., 1994: 97; Lee, 1995: 110 (*Kosemia*).

Cicadetta yezoensis (Matsumura, 1898)

Melampsalta yezoensis Matsumura, 1898: 17 (*Melampsaltria* [sic] *yezoensis*) [Type-locality: Hokkaido, Japan]; Kato, 1937b: 678; Kato, 1938a: 27; Kato, 1956: 144.

Cicadetta yezoensis: Hayashi, 1977: 18; Lee, 1979a: 772, 1015; Duffels and van der Laan, 1985: 276; Anufriev and Emeljanov, 1988: 316; Ent. Soc. Kor. and Kor. Soc. Appl. Ent., 1994: 97; Lee, 1999a: 72; Lee, 1999b: 11; Lee *et al.*, 2002: 7.

Kosemia yezoensis: Lee, 1995: 105.

Cicadetta sachalinensis Matsumura, 1917: 209 [Type-locality: Odomari and Toyohara, Saghalien]; Kato, 1931c: 181 (*Melampsalta*); Kato, 1932a: 391 (*Melampsalta*); Kato, 1933b, pl. 38 (*Melampsalta*); Kato, 1933c: 17 (*Melampsalta*); Okamoto, 1934: 406 (*Melampsalta*); Cho, 1946: 22 (*Melampsalta*); Chu, 1969: 36 (*Melampsalta*); Cho, 1971: 472, 607 (*Melampsalta*).

Cicadetta pellosoma (Uhler, 1861)

Cicada pellosoma Uhler, 1861: 283 [Type-locality: China].

Melampsalta pellosoma: Kato, 1925: 41; Kato, 1927a: 38; Kato, 1930b: 46; Kato, 1931a: 65; Mori, 1931: 19; Doi, 1932a: 43; Kato, 1932a: 386; Kato, 1933a: 13; Kato, 1933b, pl. 38; Kato, 1933c: 16; Kato, 1934: 161; Okamoto, 1934: 406; Kato, 1935: 10; Haku, 1937: 70; Kato, 1938a: 27; Cho, 1946: 22; Kato, 1956: 104, 106; For. Exp. Stat., 1959: 86; Chu, 1969: 36; Cho, 1971: 471, 607.

Cicadetta pellosoma: Lee, 1979a: 771, 1014; Duffels and van der Laan, 1985: 272; Anufriev and Emeljanov, 1988: 315; Ent. Soc. Kor. and Kor. Soc. Appl. Ent., 1994: 97; Lee, 1995: 112; Lee, 1999a: 75; Lee, 1999b: 12; Lee *et al.*, 2002: 7; Lee *et al.*, 2004: 127.

Mogannia hebes: Matsumura, 1917: 205; Kato, 1927a: 34; Kishida, 1930: 124; Lee, 1979a: 769, 1012; Ent. Soc. Kor. and Kor. Soc. Appl. Ent., 1994: 97 (nec Walker, 1858).

Cicadetta isshikii (Kato, 1926)

Melampsalta isshikii Kato, 1926: 175 [Type-locality: Shaku-o-ji, Corea]; Kato, 1927a: 39; Kato, 1930b: 46; Mori, 1931: 19; Doi, 1932a: 43; Kato, 1932a: 388; Kato, 1933a: 14; Kato, 1933b, pl. 38; Kato, 1933c: 16; Okamoto, 1934: 406; Kato, 1935: 10; Kato, 1938a: 27; Cho, 1946: 22; Kato, 1956: 105, 106; Chu, 1969: 36; Cho, 1971: 472, 607; Kim and Kim, 1972a: 69.

Cicadetta isshikii: Hayashi, 1978: 245; Lee, 1979a: 771, 1013; Duffels and van der Laan, 1985: 267; Kim and Park, 1991: 49; Park *et al.*, 1993: 170; Ent. Soc. Kor. and Kor. Soc. Appl. Ent., 1994: 97; Lee, 1995: 114; Lee, 1999a: 77; Lee, 1999b: 12; Lee *et al.*, 2002: 7; Lee *et al.*, 2004: 127.

Melampsalta isshikii var. *flavicosta* Kato, 1927b: 283; Kato, 1930b: 69; Kato, 1932a: 389; Kato, 1933b, pl. 38; Kato, 1933c: 17; Okamoto, 1934: 406; Kato, 1938a: 27; Ôuchi, 1938: 110; Cho, 1946: 22; Kato, 1956: 105, 106.

Leptopsalta radiator: Mori, 1931: 20; Kato, 1932a: 394; Kato, 1933c: 17; Okamoto, 1934: 406; Lee, 1979a: 774, 1017; Ent. Soc. Kor. and Kor. Soc. Appl. Ent., 1994: 97 (nec Uhler, 1896).

참고문헌/ References

Anufriev, G. A. and A. F. Emeljanov, 1988. Cicadinea (Auchenorrhyncha). In P. A. Ler (ed.): Key to the Insects of Far East USSR, 2: 12-495. (In Russian)

Beuk, P. L. Th., 2002. On the systematics, phylogeny and biogeography of the cicada subtribes Dundubiina and Cosmopsaltriina (Homoptera: Cicadidae). In Cicadas spreading by island or by spreading the wings? Historic biogeography of dundubiine cicadas of the Southeast Asian continent and archipelagos (Dr Thesis, 323 pp.): 179-323.

Cho, P. S., 1937. 眞夏に於ける蟲界のソロイスト. 朝鮮博物學會會報, 2: 16-17.

Cho, P. S., 1946. A re-examination of Korean Cicadidae. Bull. Zool. Sec. natn. Sci. Mus., Seoul, 1: 17-24. (In Korean)

Cho, P. S., 1955. The fauna of Dagelet Island (Ulnung-do). Bull. Sungkyunkwan Univ., 2: 179-266. (In Korean)

Cho, P. S., 1963. Insects of Quelpart Island (Cheju-do). Hum. nat. Sci. Korea Univ., 6: 159-242. (In Korean)

Cho, P. S., 1965. Beiträge zur Kenntnis der Insekten Fauna Insel Dagelet (Ulnung-do). Commem. Theses 60th Anniv. (nat. Sci.), Korea Univ., pp. 157-205. (In Korean)

Cho, P. S., 1971. Hemiptera. Illust. Flora and Fauna Korea, 12 (Insecta), IV: 103-1069, 84 pls. (In Korean)

Chu, D.-L., 1969. Cicadidae. A Systematic List of Insects, pp. 35-37. Kwahagwon Publ. Co., Pyeongyang. (In Korean)

Claridge, M. F., 1985. Acoustic signals in the Homoptera: behavior, taxonomy, and evolution. Annu. Rev. Entomol., 30: 297-317.

Culture and Information Ministry, 1968a. V. Animals in Mt. Hallasan. Rept. acad. Surv. Mt. Hallasan and Isl. Hong-do, pp. 221-297. (In Korean)

Culture and Information Ministry, 1968b. VI. Terrestrial animals in Isl. Hong-do. Rept. acad. Surv. Mt. Hallasan and Isl. Hong-do, pp. 367-384. (In Korean)

Distant, W. L., 1905a. Rhynchotal Notes-XXIX. Ann. Mag. nat. Hist., (7), 15: 58-70.

Distant, W. L., 1905b. Rhynchotal Notes-XXXVI. Ann. Mag. nat. Hist., (7), 16: 553-567.

Distant, W. L., 1906. A Synonymic Catalogue of Homoptera, Part 1. Cicadidae. 207 pp. British Museum (Nat. Hist.), London.

Doi, H., 1917. [Cicadidae of Korea.] Ann. Pyung Nam. Edu. Asso., 13: 31-35. (In Japanese)

Doi, H., 1931. A new species of Cicadinae from Korea. J. Chosen nat. Hist. Soc., (12): 52-53. (In Japanese)

Doi, H., 1932a. [Miscellaneous notes on insects.] J. Chosen nat. Hist. Soc., (13): 30-49. (In Japanese)

Doi, H., 1932b. [Miscellaneous notes on insects (2).] J. Chosen nat. Hist. Soc., (14): 64-78. (In Japanese)

Doi, H., 1934. [Miscellaneous notes on insects (4).] J. Chosen nat. Hist. Soc., (17): 64-68. (In Japanese)

Duffels, J. P. and P. A. van der Laan, 1985. Catalogue of the Cicadoidea (Homoptera, Auchenorhyncha) 1956-1980. Series Entomologica, 34, xiv + 414 pp. Dr. W. Junk Publishers. Entomological Society of Korea and Korean Society of Applied Entomology, 1994. Check List of Insects from Korea. 744 pp. Kon-Kuk University Press, Seoul.

Forest Experiment Station, 1959. [A Handbook of Kwangnung Experimental Forest.] 118 pp., Seoul. (In Korean)

Gogala, M. and T. Trilar, 1999. The song structure of *Cicadetta montana macedonica* Schedl with remarks on songs of related singing cicadas (Hemiptera: Auchenorrhyncha: Cicadomorpha: Tibicinidae). Reichenbachia Mus. Tierkd. Dresden, 33: 91-97.

Gogala, M. and T. Trilar, 2004. Bioacoustic investigations and taxonomic considerations on the *Cicadetta montana* species complex (Homoptera: Cicadoidea: Tibicinidae). An. Acad. Bras. Cienc., 76: 316-324.

Haku, K., 1937. A list of insects collected from North Keisho-do, Korea (No. II). J. Chosen nat. Hist. Soc., (22): 70-74. (In Japanese)

Hayashi, M., 1972. On the abnormal specimen of *Cicadetta yezoensis* (Matsumura). Rostria, 22: 108-110.

Hayashi, M., 1977. The Cicadidae of Japan. Nature and Insects, Tokyo, 12: 6-19, 1 pl. (In Japanese)

Hayashi, M., 1978. A note on some Korean Cicadidae collected and observed by Mr. K. Yamagishi. Rostria, (29): 243-246. (In Japanese with English summary)

Hayashi, M., 1987. A revision of the genus *Cryptotympana* (Homoptera, Cicadidae). Part II. Bull. Kitakyushu Mus. nat. Hist., (7): 1-109.

Hyun, J. S. and K. S. Woo, 1969. Insect fauna of Mt. Jiri (I). Bull. Seoul natn. Univ. For., 6: 157-202. (In Korean with English summary)

Hyun, J. S. and K. S. Woo, 1970. Insect fauna of Mt. Jiri (II). Bull. Seoul natn. Univ. For., 7: 73-82. (In Korean with English summary)

Ichikawa, S., 1906. [Insects of Isl. Quelpart.] Hakubutsu no Tomo, 6(33): 183-186. (In Japanese)

Kamijo, N., 1932. On a collection of insects from North Keisho-do, Korea. J. Chosen nat. Hist. Soc., (13): 13-23. (In Japanese)

Kamijo, N., 1933. On a collection of insects from North Keisho-do, Korea (II). J. Chosen nat. Hist. Soc., (15): 46-63. (In Japanese)

Kato, M., 1925. Japanese Cicadidae, with descriptions of new species. Trans. nat. Hist. Soc. Formosa, 15: 1-47, 1 pl. (In Japanese)

Kato, M., 1926. Japanese Cicadidae, with descriptions of four new species. Trans. nat. Hist. Soc. Formosa, 16: 171-176, 1 pl. (In Japanese)

Kato, M., 1927a. A catalogue of Japanese Cicadidae, with descriptions of new genus, species and others. Trans. nat. Hist. Soc. Formosa, 17: 19-41. (In Japanese)

Kato, M., 1927b. Descriptions of some new Japanese and exotic Cicadidae. Trans. nat. Hist. Soc. Formosa, 17: 274-283, 1 pl. (In Japanese)

Kato, M., 1928. Descriptions of two new genera of Japanese Cicadidae and corrections of some species. Ins. World, Gifu, 32: 182-188. (In Japanese)

Kato, M., 1930a. [Notes on the distribution of Japanese Cicadidae.] Ins. World, Gifu, 34: 146-150. (In Japanese)

Kato, M., 1930b. Notes on the distribution of Cicadidae in Japanese Empire. Bull. biogeogr. Soc. Japan, 2: 36-76. (In Japanese)

Kato, M., 1931a. Semi (2). Kontyû, Tokyo, 5: 64-68. (In Japanese)

Kato, M., 1931b. Semi (4). Kontyû, Tokyo, 5: 129-131. (In Japanese)

Kato, M., 1931c. Semi (5). Kontyû, Tokyo, 5: 174-181. (In Japanese)

Kato, M., 1932a. Monograph of Cicadidae. 450 pp., 32 pls. Sanseido, Tokyo. (In Japanese)

Kato, M., 1932b. Semi (7). Kontyû, Tokyo, 6: 66-71. (In Japanese)

Kato, M., 1933a. Notes on some Manchurian Homoptera, collected by Mr. Y. Kikuchi. Ent. World, Tokyo, 1: 2-19. (In Japanese)

Kato, M., 1933b. Three Colour Illustrated Insects of Japan. Fasc. 3 (Homoptera), 9 (+50)+11 pp., 50 pls. Kôseikaku, Tokyo. (In Japanese)

Kato, M., 1933c. Cicadidae. Catalogue of Japanese Insects, Fasc. I (Homoptera): 1-17. (In Japanese)

Kato, M., 1933d. [Corrections of Catalogue of Japanese Insects, Cicadidae, Fasc. I.] Catalogue of Japanese Insects, Fasc. II (Hymenoptera): 8. (In Japanese)

Kato, M., 1934. Notes on Chinese Cicadidae. Ent. World, Tokyo, 2: 144-161, pls. 61-62. (In

Japanese)

Kato, M., 1935. Orders: Lepidoptera (II) and Hemiptera, Family Cicadidae. Insect of Jehol, 5: 1-19, 1 pl.

Kato, M., 1937a. Semi (12). Ent. World, Tokyo, 5: 382-387. (In Japanese)

Kato, M., 1937b. Semi (15). Ent. World, Tokyo, 5: 675-684. (In Japanese)

Kato, M., 1938a. A revised catalogue of Japanese Cicadidae. Bull. Cicad. Mus., Tokyo, (1): 1-50. (In Japanese)

Kato, M., 1938b. Notes on Japanese Cicadidae. Bull. Cicad. Mus., Tokyo, (3): 3-13. (In Japanese)

Kato, M., 1943. Studies on Japanese Cicadidae (7). Bull. Cicad. Mus., Tokyo, (13): 1-6. (In Japanese)

Kato, M., 1956. The Biology of the Cicadas. 319 pp., 46 pls. Iwasakishoten Co., Tokyo. (In Japanese)

Kato, M. and Y. Suganuma, 1931. On the injurious cicada *Cryptotympana coreana* Kato. Kontyû, Tokyo, 5: 167-173, 1 pl. (In Japanese)

Kim, C. H. and J. S. Park, 1991. [A Survey Report on Insect Fauna of Mt. Chirisan.] 122 pp., 4 pls. Gyeongsangnam-do Natural Observation Institute, Sancheong-gun. (In Korean)

Kim, C.-W. and J. I. Kim, 1972a. Insect fauna of Gucheondong, Muju-gun. Rept. KACN, 5: 65-101. (In Korean with English summary)

Kim, C.-W. and J. I. Kim, 1972b. Insect fauna of Mt. Daedunsan, Haenam-gun. Rept. KACN, 6: 189-200. (In Korean with English summary)

Kim, C.-W. and J. I. Kim, 1974. Insect fauna of National Park, Mt. Naejangsan in summer season. Rept. KACN, 8: 95-126. (In Korean with English abstract)

Kim, C.-W., J. I. Kim, J. K. Oh, Y. T. Noh and Y. H. Shin, 1974. Faunistic study of insects near the DMZ. Rept. KACN, 7: 182-257. (In Korean)

Kim, C.-W., J. I. Kim and C. H. Yu, 1976. [Insect list of Mt. Chiaksan.] Rept. KACN, 9: 90-113. (In Korean)

Kim, C.-W., C. E. Lee, H. C. Park, S.-H. Nam and Y. J. Kwon, 1985. Insect fauna of Mt. Chuwang in summer season. Rept. KACN, 23: 93-110. (In Korean with English abstract)

Kim, C.-W. and S.-H. Nam, 1977. Insect fauna of Mt. Jogyesan in summer season. Rept. KACN, 11: 119-140. (In Korean with English summary)

Kim, C.-W. and S.-H. Nam, 1978. Insect fauna of Imgye-myeon area in summer season. Rept. KACN, 13: 125-142. (In Korean with English summary)

Kim, C.-W. and S.-H. Nam, 1982. Insect fauna in the areas of Mts. Gyebang, Sogyebang and Gachilbong in summer season. Rept. KACN, 20: 119-137. (In Korean with English abstract)

Kim, C.-W. and S.-H. Nam, 1984. Insect fauna in the area of Mt. Chombong in summer season. Rept. KACN, 22: 83-93. (In Korean with English abstract)

Kim, C.-W. and S.-H. Nam, 1985. Insect fauna of Mt. Paegun, P'och'on-gun, Kyonggi-do. Rept. sci. Surv. Mt. Paegun surr. Reg., pp. 95-107. (In Korean with English abstract)

Kim, H. K., 1956. [Insect fauna of Dukchok Islands.] Commem. Theses 70th Anniv., EHWU: 335-348. (In Korean)

Kim, H. K., 1958. Insect fauna of Dukchok Islands (2). Korean J. appl. Zool., 1: 87-102. (In Korean)

Kim, H. K., 1960. Insect list of Solak Mountain. Korean J. appl. Zool., 3: 21-29. (In Korean)

Kim, J. I., B. J. Kim, O. J. Lee and H. C. Park, 1991. Faunistic study on the insect from Mt. Songni. Rept. KACN, 29: 163-193. (In Korean with English abstract)

Kim, J. I. and H.-C. Park, 1991a. The survey on the entomofauna at the Mt. Mukap under the resting-year scheme in the province Kyonggi; the first year report. Rept. Surv. nat. Ecol. Mt. Mukap Mt. Myungji: 145-165. (In Korean with English abstract)

Kim, J. I. and H.-C. Park, 1991b. The survey on the entomofauna at the Mt. Myungji under the resting-year scheme; the first year report. Rept. Surv. nat. Ecol. Mt. Mukap Mt. Myungji: 167-207. (In Korean with English abstract)

Kishida, K., 1929a. Cicadas from Ranan, N. E. Corea. Lansania, 1: 109. (In Japanese)

Kishida, K., 1929b. A list of Corean cicadas in the collection of Mr. T. Kambe, with notes on a new species. Lansania, 1: 132-134. (In Japanese)

Kishida, K., 1930. On two cicadas of Manchuria. Lansania, 2: 124.

Kurosawa, Y, 1969. The Cicadidae from the Islands of Tsushima, Japan, preserved in the National Science Museum, Tokyo. Bull. natn. Sci. Mus., Tokyo, 2: 73-78, pl. 4. (In Japanese with English summary)

Lee, C. E., 1979a. Series 1. Auchenorrhyncha Dumeril, 1806. Illust. Flora and Fauna Korea, 23 (Insecta), VII: 1-1070, XIV + 79 pls. (In Korean with English summary)

Lee, C. E., 1979b. Hemipterous insects of Mt. Wolak and Choryeong barriers. Rept. KACN, 15: 147-155. (In Korean with English summary)

Lee, C. E. and Y. J. Kwon, 1981. On the insect fauna of Ulreung Is. and Dogdo Is. in Korea. Rept. KACN, 19: 139-178. (In Korean with English abstract)

Lee, E.-S., 1961. Studies of the Korean large cicada, *Cryptotympana coreana* Kato. 1, Seasonal occurrences and its damages. Kyungpook Univ. Theses Coll., 5: 105-124. (In Korean with English summary)

Lee, E.-S., 1963a. Studies of the Korean large cicada, *Cryptotympana coreana* Kato. 2, On the number of larval instars, morphological characteristics of each instar, and life history. Kyungpook Univ. Theses Coll., 7: 107-123. (In Korean with English summary)

Lee, E.-S., 1963b. Studies of the Korean large cicada, *Cryptotympana coreana* Kato. 3, Depth of larvae's injuring places and the diameter of injured roots from each instal larvae, and the time when meta-nymphal stage crawls out of the ground. Kyungpook Univ. Theses Coll., 7: 125-134. (In Korean with English summary)

Lee, Y.-I., W.-T. Kim and D.-H. Kim, 1985. Insect fauna of Mt. Halla. Rept. acad. Surv. Hallasan nat. Pres., pp. 351-455. (In Korean with English abstract)

Lee, Y. J., 1995. The Cicadas of Korea. 157 pp., 9 pls. Jonah Publications, Seoul. (In Korean with English summary)

Lee, Y. J., 1998. Habitat and habits of *Cicadetta montana* (Homoptera, Cicadidae) in Korea. Cicada, Tokyo, 13: 59-61.

Lee, Y. J., 1999a. A systematic study on Cicadidae (Homoptera) in Korea. 111 pp. Thesis, Kangwon National University.

Lee, Y. J., 1999b. A list of Cicadidae (Homoptera) in Korea. Cicada, Tokyo, 15: 1-16.

Lee, Y. J., 2000. A note on *Cicadetta admirabilis* (Homoptera, Cicadidae). Lucanus, Seoul, (1): 4-5. (In Korean with English abstract)

Lee, Y. J., 2001a. Cicadas observed in Soya-do Is. of Korea with a note on *Oncotympana fuscata*. Cicada, Tokyo, 16: 51-52.

Lee, Y. J., 2001b. Noisy cicadas and how to control them. Lucanus, Seoul, (2): 1-4. (In Korean)

Lee, Y. J., 2003a. Some morphological variations of *Platypleura kaempferi* (Hemiptera, Cicadidae) in Korea. Cicada, Tokyo, 17: 47-48.

Lee, Y. J., 2003b. On the acoustic signals of cicadas (Hemiptera, Cicadidae). Lucanus, Seoul, (4): 5-8. (In Korean)

Lee, Y. J., 2003c. Some insects observed in Gureopdo Is. of Korea in summer of 2003. Lucanus, Seoul, (4): 15-16.

Lee, Y. J., H.-J. Choe, M.-L. Lee and K.-S. Woo, 2002. A phylogenetic consideration of the Far Eastern Palaearctic species of the genus *Cicadetta* Kolenati (Homoptera, Cicadidae) based on the mitochondrial COI gene sequences. J. Asia-Pacific Entomol., 5: 3-11.

Lee, Y. J. and M. Hayashi, 2003. Taxonomic review of Cicadidae (Hemiptera, Auchenorrhyncha) from Taiwan, part 2. Dundubiini (a part of Cicadina) with two new species. Ins. Koreana, 20:

359-392.

Lee, Y. J., H.-Y. Oh and S. G. Park, 2004. A new habitat of *Cicadetta pellosoma* and *Cicadetta isshikii* (Hemiptera, Cicadidae) in Korea and their variations in body coloration. J. Asia-Pacific Entomol., 7: 127-131.

Matsumura, S., 1898. A summary of Japanese Cicadidae with description of a new species. Annot. zool. Japon., 2: 1-20, 1 pl.

Matsumura, S., 1917. A list of the Japanese and Formosan Cicadidae, with description of new species and genera. Trans. Sapporo nat. Hist. Soc., 6: 186-212.

Matsumura, S., 1927. New species of Cicadidae from the Japanese Empire. Ins. mats., 2: 46-58, 1 pl.

Mori, T., 1931. Cicadidae of Korea. J. Chosen nat. Hist. Soc., (12): 10-24, 2 pls. (In Japanese)

Moulds, M. S., 1990. Australian Cicadas. 217 pp., 24 pls. New South Wales University Press, Kensington.

Nam, S.-H. and M.-L. Kim, 1983. On the relation between the insects and the forest-types of Piagol valley in Mt. Chiri. Rept. KACN, 21: 123-136. (In Korean with English abstract)

Okamoto, D., 1934. Notes on Corean Auchenorrhyncha, Homoptera. Ent. World, Tokyo, 2: 403-407. (In Japanese)

Okamoto, H., 1924. Cicadidae. The insect fauna of Quelpart Island (Saishiu-to). Bull. Agri. Exp. Stat., 1: 60-61.

Ôuchi, Y., 1938. A preliminary note on some Chinese Cicadas with two new genera. J. Shanghai Sci. Inst., (3), 4: 75-111, 2 pls.

Park, J.-S. and H.-W. Cho, 1986. Insect fauna in the areas of Mt. Paegun, Mt. Kipaeg and Mt. Hwangsok in summer season. Rept. KACN, 24: 123-138. (In Korean with English abstract)

Park, J.-S., D.-S. Ku and K.-D. Han, 1993. Faunistic study on the insect from Hamyang-gun and Paemsagol area of Mt. Chiri. Rept. KACN, 31: 153-217. (In Korean with English abstract)

Park, K. T. and S. S. Han, 1992. Insect fauna of Mt. Palwang. Rept. KACN, 30: 121-139. (In Korean with English abstract)

Popov, A. V., A. Beganovic and M. Gogala, 1997. Bioacoustics of singing cicadas of the western palaearctic: *Tettigetta brullei* (Fieber 1876) (Cicadoidea: Tibicinidae). Acta entomologica slovenica, 5: 89-101.

Saito, K., 1931. Cicadidae. More important injurious forest insects in Corea. Bull. Agri. For. Coll. Suigen, (4): 73. (In Japanese)

Sanborn, A. F., 1997a. Body temperature and the acoustic behavior of the cicada *Tibicen winnemanna*

(Homoptera: Cicadidae). J. Insect Behav., 10: 257-264.

Sanborn, A. F., 1997b. Thermal biology of cicadas (Homoptera: Cicadoidea). Trends in Entomology, 1: 89-104.

Sanborn, A. F. and P. K. Phillips, 1995. Scaling of sound pressure level and body size in cicadas (Homoptera: Cicadidae; Tibicinidae). Ann. Entomol. Soc. Am., 88: 479-484.

Schmidt, E., 1932. Verzeichnis der Cicaden des chinesischen Reiches. Bull. Peking nat. Hist., 7: 117-133.

Seok, D. M., 1970. The Insect Fauna of the Is. Quelpart. 186 pp. Po Chin Chai, Ltd., Seoul. (In Korean)

Shin, Y. H. and Y. T. Noh, 1970. [Insect fauna of Isl. Sohuksan-do in summer season.] Rept. KACN, 1: 35-39. (In Korean)

Shin, Y. H. and K.-T. Park, 1981. On the summer insect fauna of the Gogunsan Islands and Bian Island western coast of Korea. Rept. KACN, 18: 127-141. (In Korean with English abstract)

Walker, F., 1850. List of the Specimens of Homopterous Insects in the Collection of the British Museum, Part 1: 1-260, pls. 1-2. (Indirectly cited)

Williams, K. S. and C. Simon, 1995. The ecology, behavior, and evolution of periodical cicadas. Annu. Rev. Entomol., 40: 269-295.

Yoon, I. B. and S.-H. Nam, 1979. Insect fauna of remote islands from Geoje Is. in summer season. Rept. KACN, 14: 75-91. (In Korean with English summary)

Yoon, I. B. and S.-H. Nam, 1980. Insect fauna of Mt. Chilgab and Mt. Gyeryong area. Rept. KACN, 17: 129-158. (In Korean with English abstract)

Yoon, I.-B., H.-C. Park, K.-D. Han and C.-S. Kim, 1990. A faunistic study of terrestrial insects in the Kayasan National Park. Rept. KACN, 28: 99-128. (In Korean with English abstract)

Yoon, I.-B., H.-C. Park, S.-H. Lee and C.-K. Kim, 1989. Summer insect fauna of Mt. Wolch'ul. Rept. KACN, 27: 135-146. (In Korean with English abstract)

찾아보기/ 학명 * 학명 가운데 두꺼운 글씨는 현재 사용되는 정명이고, 가는 글씨는 이명이다.

A
Arthropoda 14
Auchenorrhyncha 14

C
Cercopoidea 59
Chosenosemia souyoensis 90
Cicada bihamata 68
Cicada orni (Linnaeus, 1758) 95
Cicadella viridis 59
Cicadellidae 59
Cicadellinae 59
Cicadelloidea 59
Cicadetta admirabilis (Kato, 1927) 106, 176
　var. *kishidai* (Kato, 1927) 106
Cicadetta isshikii (Kato, 1926) 116, 177
Cicadetta Kolenati, 1857 15, 97
Cicadetta montana (Scopoli, 1772) 96, 176
Cicadetta pellosoma (Uhler, 1862) 112, 177
Cicadetta tibialis (Panzer, 1798) 95
Cicadetta yezoensis (Matsumura, 1898) 108, 177
Cicadettini 14, 176
Cicadidae 14, 168
Cicadina 175
Cicadinae 14, 168
Cicadoidea 14, 59
Cryptotympana aquila (Walker, 1850) 63
Cryptotympana atrata (Fabricius, 1775) 62, 170
Cryptotympana coreanus 62
Cryptotympana facialis (Walker, 1858) 63
Cryptotympana holsti Distant, 1904 35, 63
Cryptotympana Stål, 1861 14, 63, 170

Cryptotympana takasagona Kato, 1925 35, 63
Cyclochila australasiae (Donovan, 1805) 30
Cystosoma saundersii (Westwood, 1842) 32

D
Dundubiina 173
Dundubiini 14, 173

F
Fulgoroidea 59

G
Graptopsaltria bimaculata Kato, 1925 71
Graptopsaltria nigrofuscata
　(Motschulsky, 1866) 70, 171
Graptopsaltria Stål, 1866 14, 71, 171
Graptopsaltria tienta Karsch, 1894 71

H
Hemiptera 14

I
Insecta 14

L
Leptopsaltria japonica 85
Leptosemia Matsumura, 1917 15, 91, 175
Leptosemia sakaii (Matsumura, 1913) 35, 90, 91
Leptosemia takanonis Matsumura, 1917 90, 175

M
Meimuna Distant, 1905 15, 81, 173

Meimuna mongolica (Distant, 1881) 86, 174
Meimuna opalifera (Walker, 1850) 80, 173
Meimuna tripurasura (Distant, 1885) 81
Melampsalta pellosoma 112
Melampsalta sachalinensis 108
Membracoidea 59

O

Oncotympana fuscata Distant, 1905 74, 172
Oncotympana maculaticollis
    (Motschulsky, 1866) 75, 79
Oncotympana pallidiventris (Stål, 1870) 75
Oncotympana Stål, 1870 15, 75, 172
Oncotympanini 14, 172

P

Platypleura Amyot and Audinet-Serville,
    1843 14, 45, 168
Platypleura kaempferi (Fabricius, 1794) 44, 168
Platypleura stridula (Westwood, 1845) 45
Platypleura takasagona Matsumura, 1917 45
Platypleurini 14, 168
Polyneurini 14, 171
Pomponia imperatoria (Westwood, 1842) 36
Pomponia linearis (Walker, 1850) 125
Pomponia maculaticollis 74
Pterygota 14

S

Suisha coreana (Matsumura, 1927) 50, 169
Suisha formosana (Kato, 1927) 51
Suisha Kato, 1928 14, 51, 168

T

Takapsalta ichinosawana 96, 102
Tanna japonensis (Distant, 1892) 86
Tanna sayurie Kato, 1926 127
Tanna sozanensis Kato, 1926 123
Tanna taikosana 139
Tanna taipinensis (Matsumura, 1907) 125
Tanna viridis Kato, 1925 123
Tettigarcta crinita Distant, 1883 14
Tettigetta brullei (Fieber, 1876) 33
Tettigarctidae 14
Thopha saccata (Fabricius, 1803) 30
Tibicen bihamatus (Motschulsky, 1861) 55
Tibicen dolichoptera 60
Tibicen flammatus (Distant, 1892) 55
Tibicen intermedius Mori, 1931 54, 169
Tibicen japonicus (Kato, 1925) 60, 170
Tibicen Latreille, 1825 14, 55, 169
Tibicen plebejus (Scopoli, 1763) 55, 95
Tibicenini 14, 169
Tibicininae 14, 176
Typhlocybinae 59

U

Urabunana daemeli (Distant, 1905) 33
Urabunana verna Distant, 1912 36

찾아보기/ 한국명

* 한국명 가운데 두꺼운 글씨는 현재 사용되는 정명이고, 가는 글씨는 이명이다.

ㄱ

갈색등유지매미(신칭) 71
거품벌레상과 59
고려풀매미 97, 116
곤충강(綱) 14
굴쩌기 80
귀신저녁매미(신칭) 123
기름매미 70
기름매암이 70
기생맴이 80
깽깽매미 55, 60, 68
깽깽매미속 14, 55
깽깽매미족(신칭) 14
꼬마소요산매미(신칭) 35, 90, 91
꼬마풀매미(신칭) 33
꽃매미상과 59

ㄴ

나발통매미(신칭) 125
노린재목(目) 14
녹색등유지매미(신칭) 71
늦털매미 50
늦털매미속 14, 51

ㄷ

대만늦털매미(신칭) 51
대만말매미(신칭) 35, 63
대만털매미(신칭) 45
두눈박이좀매미 97, 106
두눈배기좀매미 106
두눈좀매미 106

ㅁ

둥글애매미충 59
따르미 86

ㅁ

말매미 62
말매미속 14, 63
말매미충 59
말매미충아과 59
말매암이 62
매미 74
매미과(科) 14
매미상과(上科) 14, 59
매미아과 14
매미아목(亞目) 14, 59
매미충 59
매미충상과 59
맴이 74
민무늬깽깽매미(신칭) 55, 95
민민매미 75, 79
민배딱지매미(신칭) 14
민배딱지매미과(신칭) 14

ㅂ

반시목 14
배불룩나뭇잎매미(신칭) 32, 34
배주머니매미(신칭) 30, 33
붉은무늬풀매미(신칭) 33
뿔매미상과 59

ㅅ

산깽깽매미 55, 68

삼각머리매미(신칭) 30, 33, 34
세모배매미 96
세모배매미속(개칭) 15, 97
세모배매미족(신칭) 14
소요매미 90
소요산매미 90
소요산매미속 15, 91
쇠맴이 106, 108
17년매미 84
쓰르라미 85, 86
쓰름매미 86
씨르람이 86
씽씽매미 44
씽씽매암이 44

ㅇ

애기돌매미 90
애기매미 80
애매미 80
애매미속 15, 81
애매미족(신칭) 14
애매미충아과 59
애저녁매미(신칭) 123
애풀매미(신칭) 95
왕말매미 63
유럽봄매미(신칭) 95
유시아강(有翅亞綱) 14
유지매미 70
유지매미속 14, 71
유지매미족(신칭) 14
일본말매미(신칭) 63

ㅈ

저녁매미 85, 86
절지동물문(門) 14
좀깽깽매미 55, 68
좀매미 106, 116
좀매미아과 14
좀풀매미(신칭) 36
주기매미 31, 84
진날개말매미(신칭) 35, 63

ㅊ

참깽깽매미 54
참매미 74
참매미속 14, 75
참매미족(신칭) 14
참매암이 74
초록귀신저녁매미(신칭) 127

ㅌ

털매미 44, 123
털매미속 14, 45
털매미족(신칭) 14

ㅍ

풀매미 97, 112
풀매미속 15
풀매암이 112

ㅎ

호리귀신저녁매미(신칭) 125
호좀매미 97, 108
황제매미(신칭) 36

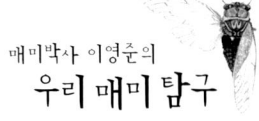

매미박사 이영준의
우리 매미 탐구

초판 1쇄 인쇄	2005년 7월 15일
초판 1쇄 발행	2005년 7월 25일
지은이	이영준
펴낸곳	지오북(GEOBOOK)
펴낸이	황영심
디자인	서동희
주소	서울시 종로구 내수동 72
	경희궁의아침 오피스텔 3단지 1215호
	Tel_ 02-732-0337
	Fax_ 02-732-9337
	eMail_ geo@geobook.co.kr
	www.geobook.co.kr
출판등록번호	제300-2003-211
출판등록일	2003년 11월 27일

ⓒ 이영준, 지오북 2005
지은이와 협의하여 검인은 생략합니다.

생태사진 도움주신 분	이수영, 김태우, 오해용, 강의영, 이승일, 손상봉
그림 도움주신 분	공혜진
표본사진 촬영	이경우

ISBN 89-955049-3-5 03490

이 책은 저작권법에 따라 보호받는 저작물입니다. 이 책 내용과
사진의 저작권에 대한 문의는 지오북(GEOBOOK)으로 해주십시오.